我的第一本趣味生物书 2

胡 晨◎编著

中国纺织出版社有限公司

内 容 提 要

生物学是研究生命现象和生物活动规律的一门科学。生物与生命科学紧密联系，学习生物学，可以激发小朋友的想象力，并引导他们将生物知识与经常碰到的各种生命现象联系起来。

本书就是从小读者感兴趣的话题出发，逐渐引入生物学知识，让小朋友们能对我们生活的生物世界产生兴趣。相信阅读完本书，你会发现，原来学习生物也十分有趣。

图书在版编目（CIP）数据

我的第一本趣味生物书.2 / 胡晨编著. --北京：中国纺织出版社有限公司，2020.7（2021.4重印）
ISBN 978-7-5180-7328-3

Ⅰ.①我… Ⅱ.①胡… Ⅲ.①生物学—少儿读物
Ⅳ.①Q-49

中国版本图书馆CIP数据核字（2020）第067336号

责任编辑：邢雅鑫　　责任校对：寇晨晨　　责任印制：储志伟

中国纺织出版社有限公司出版发行
地址：北京市朝阳区百子湾东里A407号楼　邮政编码：100124
销售电话：010—67004422　传真：010—87155801
http://www.c-textilep.com
中国纺织出版社天猫旗舰店
官方微博http://weibo.com/2119887771
三河市宏盛印务有限公司印刷　各地新华书店经销
2020年7月第1版　2021年4月第2次印刷
开本：880×1230　1/32　印张：8
字数：114千字　定价：24.80元

前言

preface

亲爱的小读者：

你知道恐龙是怎么从世界上消失的吗？

你知道人类为什么直立行走吗？

你知道斑马身上为什么是条纹状态的吗？

你知道世界上什么动物从来不喝水吗？

你知道自然界最成功的捕食者是什么吗？

你知道会飞的鱼和不会飞的鸟区别是什么吗？

你知道植物的触觉是怎样的吗？

你知道人喝太多酒为什么会醉吗？

……

生物，是自然科学六大基础学科之一，是研究生物的结构、功能、发生和发展的规律，以及生物与周围环境的关系等的科学。生物学源自博物学，经历实验生物学、分子生物学而进入系统生物学时期。

如果你仔细琢磨大千世界的生物，就会发现它们不但具有无穷的魅力，而且，很多生物还和我们的日常生活紧密联系。

接下来，让我们打开这本《我的第一本趣味生物书2》，一起来探索它们的奥秘吧。

大千世界的生物多种多样，这激发了人们积极探索的兴趣，它们各自不同的属性又向我们提出了新的挑战。

其实，生物学科的实用性很强，它能引导我们把身边的世界看得更清楚。例如，为什么家长和老师经常强调让我们勤洗手？病毒对我们的生活有怎样的影响？人类对于癌症的攻克现在处于什么样的程度？我们周围常见的一些动物的生活习性是怎样的？我们每天看到的花鸟虫鱼是如何生活的……无一不与生物有关。只要我们留心观察身边事物，就会发现生活中处处有生物，生活离不开生物；只要我们联系实际生活就会感觉到生物非常实用且趣味横生。

另外，随着现代科技的发展，人们对生物也越来越重视，生物学也逐渐处于完善之中。相信在未来，生物学必然成为影响我们人类生活和生存的重大学科。

因此，激发小朋友们学习生物的兴趣，也是我们编写此书的目的，人生活在自然里，就离不开生物。

本书从小朋友们生活中感兴趣的话题出发，集知识性与趣味性于一身，引导小朋友们学会从生活中的一些现象入手，思考背后的原因。书中还引入一些有趣的生物故事、争论不休的

生物难题、鲜为人知的生物怪异现象等。认真阅读本书，你会发现，生物世界原来如此妙趣横生，相信经过一段时间的学习后，你也会成为一个令人羡慕的小生物学家。

编著者

2019年6月

目录

contents

第1章

走进生物，探索奇妙的自然世界

生活中的小朋友们，每天早上，当我们睁开双眼、开始迎接第一缕阳光时，我们就在与这个世界产生联系。事实上，不知道你是否留意过，我们的生活中其实有很多非常有趣但令人费解的现象。例如，很多动物一到冬天就销声匿迹；一些动物在地震前有特殊反应；乌龟似乎“纹丝不动”，为什么那么长寿？对于这些有趣的事，你是否考虑过深层次的原因呢？要想了解这些答案，我们就要学习一些简单的生物知识。接下来就让我们开始探索奇妙的自然世界吧！

人类是如何进化的

这天，天天跟妈妈在家看《动物世界》，这是天天最爱看的节目了，而且这类节目对于知识的增长很有帮助，所以妈妈并没有反对。

本期的节目是猴子，节目上说："猴子是类人猿灵长目动物。"这句话天天并没有听懂，所以他问妈妈："妈妈，什么是类人猿，什么是灵长目动物？"

妈妈告诉他："人猿，与猴子最大不同的地方就是没有尾巴，与人类十分相近。"

天天又好奇了，便问："妈妈，那我们人类是怎么来的呢？是猴子还是人猿进化的？"

这里，天天的问题，就是人类进化的问题。

大约450万年前，人和猿开始分化，产生腊玛古猿，以后由腊玛古猿进化成200万年前的南方古猿，进一步再发展为现代人类。关于人类的发展过程，一般将其划分为四个阶段。

1.完全形成的人

最初的人类在人类学中被称为“完全形成的人”。我国古人类学者把这一进程分作猿人和智人两大阶段，每阶段再分为早晚两个时期。

250万年前，热带非洲的气候开始恶化，冰期从北半球袭来。随着气候越来越干旱，稀树大草原开始逐渐变为灌木大草原，大多数南方古猿消失。有两个例外，一种情况是，某些地区稀树大草原保留下来，那里的南方古猿得以生存下去，如南方古猿能人种；另一种情况是某些南方古猿群体利用自己的聪明才智发明了一些成功的防卫机制而生存下来，对于这些防卫机制人们只能去猜测，可能会扔石头，或者使用由木头和其他植物材料制成的原始武器，有可能露宿野外篝火旁。事实上正是这些南方古猿的后裔生存下来并繁荣起来，最终进化成人属，从树上栖息双足行走转变为陆地生活并双足行走。

2.能人

150万~250万年前，南方古猿的其中一支进化成能人，最早在非洲东岸出现，能人意即能制造工具的人，是最早的人属动物。能人化石发现后不久，人们认识到在这个名下描述的人类标本形式各异，不应该归为一个物种，并将脑量较大的标本分出来，称为硕壮人。

3.直立人

直立人在20万~200万年前，最早在非洲出现，也就是所谓的晚期猿人，懂得用火，开始使用符号与基本的语言，直立人能使用更精致的工具，叫作阿舍利文化。有证据表明直立人在非洲出现的时间和硕壮人出现的时间差不多。非洲直立人种系中最早的代表是壮人（170万年前），它最像是直立人的亚种，正是这个非洲群体在190万年前至170万年前之间的某个时间从非洲扩散到亚洲。约100万年前，冰河时期来临，非洲开始草原化，直立人不得不开始迁徙，向世界各地扩张，在欧亚非都有分布（海德堡人、爪哇猿人、北京猿人都属于直立人），在非洲发现的距今最近的直立人化石（大约100万年前）已经表现出向着智人发展的趋势。注意：此时人类第一次走出非洲。约80万年前，直立人来到如今的西班牙地区，成为最早的欧洲人，约20万年前，欧亚非的直立人逐渐消失，被来自非洲的新品种人类智人取代。

4.智人

（1）早期智人。3万~25万年前，旧石器中期起源于非洲，后向欧亚非各低中纬度区扩张（除了美洲），这是人类第二次走出非洲（大荔人、马坝人、丁村人、许家窑人、尼安德特人都属于早期智人）。直立人走出非洲后，约60万年前在欧洲演化出海德堡人，海德堡人又于约30万年前演化出尼安德特

人，主要分布在欧洲和中近东。就欧洲和近东而言，几乎可以肯定是从直立人的西部群体中产生出尼安德特人，但是东亚、南亚和非洲的直立人的情况还不是很清楚。从3万~25万年前是尼安德特人繁荣的时期，尼安德特人制造出更为高级的工具，叫作莫斯特文化。

独立演化成早期智人的尼安德特人后来遭遇第二次走出非洲的早期智人以及第三次走出非洲的晚期智人，彼此共存过一段时间。随着第三次走出非洲的晚期智人的到来，使早期智人（包括第二次走出非洲的早期智人和独立演化为早期智人的尼安德特人）在生存竞争中失败，尼安德特人消失的原因（气候因素、文化不占优势、被智人屠杀）到底是什么还存在着争议，通过对线粒体DNA的研究发现，在公元前46.5万年尼安德特人种系和智人种系分开。之后约6万年前，随着冰河期的到来，生存环境愈发困难，终于在约3万年前，所有早期智人被淘汰灭绝。

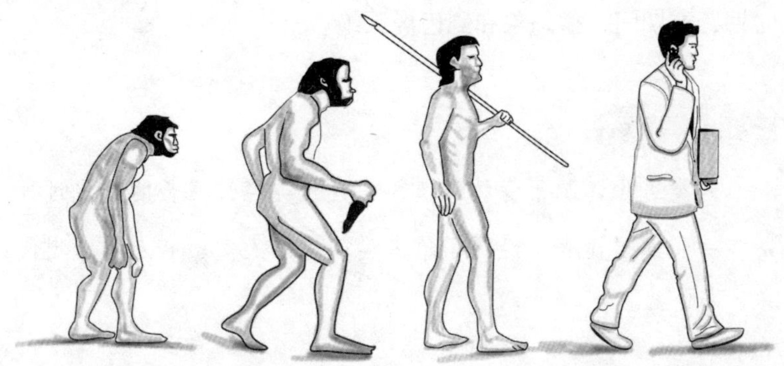

（2）晚期智人。1万~5万年前，也就是所谓现代人的祖先（山顶洞人、河套人、柳江人、麒麟山人、峙峪人即属于晚期智人）。大约10万年前，一大群智人占据了尼安德特人分布的领域，一般认为这群智人来自撒哈拉以南的非洲，产生于15万~20万年前。智人显然起源于非洲的直立人群体。入侵西欧的智人叫作克罗马农人，他们的文化很发达，在拉斯考克斯岩洞和肖威岩洞里留下了著名的绘画。智人（克罗马农人）出现后，他们的工具明显更加高级，叫作奥瑞纳文化。非洲直立人与亚洲直立人大概分离了150万年，就是在这期间，非洲直立人获得了智人的特征。它们在5万~6万年前到达澳大利亚，3万年前到达亚洲，1.2万年前（据记载）到达美洲，不过有一些证据证明，早在5万年前就有人定居美洲。这是人类第三次走出非洲。这时，艺术出现，能够人工取火。母系氏族公社，旧石器晚期，也是当今世界四大人种（黄、白、黑、棕）孕育形成的时期，这期间，猛犸象和剑齿虎灭绝。

知识小链接

人类进化起源于森林古猿，从灵长类经过漫长的进化过程一步一步发展而来。经历了猿人类、原始人类、智人类、现代类四个阶段。

古老的争论——先有鸡还是先有蛋

菲菲最爱的一道菜是青椒鸡蛋，所以基本上每周妈妈都要做一次。这天晚上，菲菲一进家门，就闻到了这个菜的味道，立马冲到厨房，夹了一筷子丢进嘴里。

“饿了吧，去洗洗手，马上吃饭。”

“好嘞。”

菲菲放下书包，洗了手，就开饭了。

菲菲吃着吃着突然说：“妈，今天我们同学都在讨论一个问题，我觉得很搞笑，不过确实找不到答案。”

“什么问题呀？”妈妈问。

“你说这鸡蛋挺好吃的对吧？那是先有鸡还是先有蛋呢？”

“你这个可真难倒我了，我也不知道，这也是很多科学家都在争论的问题。”

究竟是先有鸡还是先有蛋？这一经典问题困扰了人类数百年。哲学和神学经常陷入有关因果关系的困境，但在科学领

域，这个古老问题似乎可以得到解决。那么，究竟是先有鸡还是先有蛋？

答案在于恐龙。在哲学、神学和逻辑学中，这个起源问题的答案仍然未知。来自加拿大卡尔加里大学（University of Calgary）的古生物学家泽勒尼茨基认为，先有鸡还是先有蛋在科学领域可能有答案。

科学家表示，一个罕见并且保存完好的恐龙巢穴化石可以解答这个问题——先有蛋后有鸡。

大约7700万年前，一只小型食肉恐龙坐在巢穴里孵蛋，这个巢穴位于一条河边。因为水位突然上升，母恐龙不得不扔下还没孵出来的几个蛋，然后逃生了。未孵出的蛋被泥土掩盖最后形成化石。

古生物学家研究了这个巢穴化石，发现了几个部分完整的恐龙蛋。这个巢穴是一个直径约0.5m的沙堆，重约50kg。

科学家发现，这个巢穴化石与现在的鸟巢有着诸多的共同点，如巢的构造、孵化，这能告诉我们这些特征的形成可以追溯到多远的过去。同时，还可以帮助我们部分回答这个古老的问题——先有鸡还是先有蛋。

谜题终于揭开，在最严格的意义上解释，这个古老谜题的答案是明确的。恐龙首先建造了类似鸟窝的巢穴，产下了类似

鸟蛋的蛋。在漫长的时光之后，恐龙再进化成鸟类——其中也包括鸡。因此，答案很明确，先有蛋再有鸡，鸡进化自产下这些蛋的小型食肉恐龙。

在自然界中，生物通过DNA的改变而进化。两只非鸡的动物结合，它们受精卵中的DNA发生变异，产生了第一只真正的鸡。因此，肯定是先有蛋。在第一个真正的鸡蛋之前，只有非鸡的蛋与非鸡的动物。

不幸的是，虽然这个古老问题得到了解答，但这个答案又带来了新问题：先有恐龙，还是先有蛋？

知识小链接

先有鸡还是先有蛋这个因果困境想要表达的是“到底是先有（鸡）蛋，还是先有鸡”（鸡生蛋，蛋生鸡，到底谁先出现在这个世界上，是鸡还是蛋）的问题。这个鸡与蛋的问题也常常激起古代的哲学家们去探索并讨论生命与宇宙的起源问题，所以说，它既是一个科学问题，也是一个哲学问题，还是一个改变人类思维方式的问题。

乌龟为什么寿命长

周末这天，玲玲和爸爸妈妈一起回爷爷奶奶家吃饭。开饭前，玲玲缠着爷爷跟她一起玩，爷爷便带着玲玲去了后院，玲玲发现，爷爷竟然养了一只乌龟，很有趣，便问：“爷爷，我怎么不知道你养了乌龟呢？”

“是上个月跟你奶奶去市场上买的，因为你们这些小辈都自己住，我们觉得无聊，养猫养狗啊什么的不好弄，还是养乌龟省心。”

“那我以后周末经常回来嘛，不过爷爷，我听说乌龟都很长寿，是这样吗？”

“是啊，中国不是有句老话儿嘛，‘千年王八万年龟’，就是说乌龟长寿呢。”

“那是为什么呢？你看，乌龟又不爱运动，为什么还长寿呢？”

中国人说“千年王八万年龟”，这句话就是暗示乌龟是寿命很长的动物，那么，乌龟长寿的原因何在呢？现在，科学家

们从龟的生活习性、生理机能等方面进行研究，对龟的长寿之谜揭开谜底：

（1）根据动物学家和养龟专家的观察与研究，发现以植物为生的龟类的寿命，一般要比吃肉和杂食的龟类的寿命来得长。例如，生活在太平洋和印度洋热带岛屿上的家龟，以青草、野果和仙人掌为食，寿命特别长，可活到300岁。

（2）龟有与众不同的身体结构和生理机能。乌龟有一副坚硬的甲壳，使其头、腹、四肢和尾都能得到很好的保护，以免受外界的伤害。同时，乌龟还有嗜睡的习性，一年要睡上10个月左右，既要冬眠又要夏眠，这样，新陈代谢就显得更为缓慢，能量消耗极少。

（3）据科学家研究发现，在人和动物的细胞中，有一种关于细胞分裂的时钟，它限制了细胞繁殖的代次及其生存的年限。人的胚肺纤维细胞，在体外培养到50代时，就再难以往下延续了，而乌龟可以达到110代，这说明，龟细胞繁殖代数的多少，同龟的寿命长短有密切的关系。

（4）动物学家和医学家检查龟类的心脏机能发现，龟的心脏离体取出后，竟然能够自己跳动24小时之久，这说明龟的心脏机能较强，这对龟的寿命起重要的作用。

（5）科学家认为，龟的长寿与它的呼吸方式也有关系。

龟因没有肋间肌，所以呼吸时，必须用口腔下方一上一下地运动，才能将空气吸入口腔，并压送至肺部。还由于它在呼吸时，头、足一伸一缩，肺也就一张一吸，这种特殊的呼吸动作，也是龟得以长寿的原因。

那么，乌龟到底能活多久呢，又如何计算它的年龄呢？

随着大自然的周期性变换，乌龟有明显的生长期和冬眠期。生长期背甲盾片和身体一样生长，形成疏松较宽的同心环纹圈；冬眠期乌龟进入蛰伏状态，停止生长，背甲盾片也几乎停止生长，形成的同心环纹圈狭窄紧密。如此疏密相间的同心环纹圈同以树木的年轮推算树龄相似，当经历一个停止发育的冬天，就出现一个年轮。依此可以判断乌龟的年龄，即盾片上

的同心环纹多少，然后加1（破壳出生为一个环纹），等于龟的实际年龄。这种方法只有龟背甲同心环纹清楚时方能计算，龟的年轮在10龄前较为清晰，在稚龟出生不久，其背壳中央的盾片外坚皮肤上就看到一些放射状纹，并无圆轮状，有几个轮圈的龟背甲纹，就是龟龄几岁，年龄愈长愈难用肉眼辨认，只有依据龟的重量来推算。人工养殖的龟除外，野生的龟每500克的龟龄，在我国南方约20年，北方的龟约40年。

知识小链接

科学家们还认为，龟类是一种用来研究人类长寿的极好的动物模型。因此进一步揭开龟长寿的奥秘，对研究人类的健康长寿将有很大的启示。

植物也有“五官”吗

星期六这天，妈妈带着芳芳去市郊的公园放风筝。芳芳很开心，因为妈妈难得有时间可以陪自己，但是不到一会儿，妈妈就累了，让芳芳自己玩儿，谁知道芳芳并不大会操作风筝，不到一会儿，风筝就掉到了远处的树上，芳芳赶紧拉着妈妈跑过去，结果踩进了下面的一片草坪。

妈妈赶紧拉住芳芳，指了指旁边竖着的一块牌子，上面写着“小草在沉睡，请勿打扰”。芳芳一下子明白了妈妈的意思，然后做了个很无奈的表情。

“可是妈妈，小草也会睡觉吗？不是只有动物和人才会吗？”芳芳很疑惑。

“当然了，植物一样需要吃饭、睡觉、休息，一样有触觉，甚至有五官呢。”妈妈说。

“什么？不可能吧，我怎么没看见植物的眼睛、耳朵、鼻子什么的呢？”

“那是因为它们将五官隐藏起来了啊。”妈妈回答。

“哦，这样啊。”

正如芳芳妈妈所说的一样，植物也像其他动物一样，有功能各异的“五官”。

接下来，我们就来细看一些植物的“五官”是怎么工作的。

（1）加拿大渥太华大学生物学博士瓦因勃格做了一个有趣的实验，他每天对莴苣做10分钟超声波处理，结果其长势远比没受处理的莴苣要好。之后，美国的一个学者对大豆播放《蓝色狂想曲》音乐，20天后，听音乐的大豆苗重量竟然高出未听音乐的四分之一。这些实验说明，植物虽然没有具体形态的耳朵，但它们的听觉能力却非同寻常。或许你会不相信，那么请你面对含羞草轻轻击掌，看看含羞草闻声后是否会迅速将小叶合拢。

（2）许多植物具有“慧眼”识光的能力，它们知道日出东山，夕阳西下，从而把握了自己开花和落叶的时间，如牵牛花天刚亮就开花，向日葵始终朝阳。植物不仅能“看见”光，还能感觉出光照的“数量”和质量，某些北方良种引种到南方，颗粒不收，就是因为植物的“眼睛”对异地的光线不习惯。植物的“眼睛”对光色也非常敏感，不同植物可识别不同光线，以促进自身的生长与发育。植物的“眼睛”是存在于细胞中的一种专门色素——视觉色素，植物凭借这种“眼睛”，从根到叶尖形成完整而灵敏的感光系统，对光产生既定反应，如花开、花合、叶子向左向右、变换根的生长方向等。

（3）植物界中不仅有靠根吃“素”的植物，而且有靠“口”吃“荤”的植物，食虫植物（也称食肉植物）便是这类植物。这些植物的叶子非常奇特，它们形成各种形状的“口”，有的像瓶子，有的像小口袋或蚌壳，能分泌消化昆虫的黏液，还能分泌香味，许多昆虫因为闻到香味，从而跌入陷阱之中。植物靠“口”捕食蚊蝇类的小虫子，有时也能“吃”掉像蜻蜓一样的大昆虫。它们分布于世界各地，种类有500多种，最著名的有瓶子草、猪笼草、狸藻等。

（4）真是奇怪，植物还有嗅觉灵敏的特殊“鼻子”。例如，当柳树遭到毛虫咬食时，会产生抵抗物质，3m以外没有被咬的柳树居然也产生出抵抗物质。这是为什么呢？原来，植物有特殊的“鼻子”——感觉神经，当被咬的树产生挥发性抗虫化学物质后，邻树的“鼻子”能及时“嗅”到“防虫警报”，知道害虫的侵袭将要来临，于是就调整自身体内的化学反应，合成一些对自己无害，却使害虫望而生畏的化学物质，达到“自卫”的目的。

（5）更为惊奇的是，植物还具有相当特殊的“舌”的功

能，它能“尝”到土壤中各种矿物营养的味道，于是使植物“拒食”或“少食”自身不喜欢的矿物质，多“吃”有用的营养元素。例如，海带就有富集海水中碘元素的能力，忍冬丛喜欢生长在地下有银矿的地方。植物的“舌”功能选择性非常强，如果吃了自己不喜欢吃的矿物就会长成奇形怪状。例如，蒿在一般土壤中长得相当高大，但如果“吃”了土壤中的硼就会变成“矮老头”。植物将土壤中的矿物元素或微量物质聚集到体内的现象称为“生物富集”。人们通过生物富集现象可以找到相应的地下矿藏，也就是植物探矿。如今，植物探矿已成为寻找地下矿藏的重要手段之一。

目前，生物科学的研究工作常常得到植物“五官”功能的启发，相信在不久的将来，一定会有累累硕果。

知识小链接

科学家认为植物像其他动物一样，有功能各异的“五官”。“五官”一词来源于人的“眼、耳、鼻、眉、口”五种人体器官。

动物为何要冬眠

数学课上，星星实在太困了，然后就趴桌上睡着了。很快，数学老师发现了，走到他旁边，敲了敲他的课桌，星星吓得赶紧站起来，以为要挨罚了，谁知道，数学老师说："这大冬天的，陈星同学要冬眠，我们能理解。只是冬眠可学不到知识，坐下吧。"大家听后，哈哈大笑，数学老师说完就继续讲课了。

晚上回家后，星星问爸爸："爸，什么是冬眠？"

爸爸很疑惑："动物到了冬天活动能力就降低，所以叫冬眠，怎么这么问？"

星星支支吾吾："没什么，就是好奇。"

爸爸也没多问，只是觉得孩子有点奇怪。

冬眠，也叫"冬蛰"。某些动物在冬季时生命活动处于极度降低的状态，是动物对冬季外界不良环境条件（如食物缺少、寒冷）的一种适应。蝙蝠、刺猬、极地松鼠等都有冬眠习惯。一些异温动物（一些冬眠哺乳类与鸟类）和变温动物在寒

冷冬季时其体温可降低到接近环境温度（几乎到0℃），全身呈麻痹状态，在环境温度进一步降低或升高到一定程度，或其他刺激下，其体温可迅速恢复到正常水平。

冬眠，是变温动物在寒冷的冬天避开食物匮乏的一个“法宝”。冬天一到，刺猬就缩进泥洞里，蜷着身子，不食不动，它几乎不怎么呼吸，心跳也慢得出奇，每分钟只跳10~20次。如果把它浸到水里，半小时也死不了，可是当一只醒着的刺猬浸在水里2~3分钟后，就会被淹死，这是为什么呢?

冬眠时，动物的神经已经进入麻痹状态。有人曾用蜜蜂进行试验，当气温在7~9℃时，蜜蜂的翅和足就停止了活动，但轻轻触动它时，它的翅和足还能微微抖动；当气温下降到4~6℃时，再触动它却没有丝毫反应，显然它已进入了深沉的麻痹状态；当气温下降到0.5℃时，它则进入更深沉的睡眠状态。由此可见，冬眠时神经的麻痹深度是与温度有密切关系。

另外，冬眠时，动物体温显著下降。据研究，黄鼠在130个昼夜的冬眠时间中，共放出70卡热量，但冬眠过后的13.7个昼夜中，就能放出579卡热量。一般来说，动物在冬眠过程中，每昼夜只能放出0.5卡热量，但在它苏醒后，兴奋的时候，每昼夜则能放出42卡热量。由此可见，冬眠动物体温下降时，机体内的新陈代谢作用变得非常缓慢，所以仅仅能维持它的生命。

动物的皮下脂肪，一方面可以保持体温，更重要的是供给冬眠时体力的消耗。一般动物在冬眠前的体重，都比平时增加1~2倍，冬眠之后，体重就逐渐减轻。如冬眠163天的土拨鼠体重减少35%；冬眠162天的蝙蝠体重可以减少33.5%。

动物在冬眠时，血细胞还会大大减少。平时，$1mm^3$土拨鼠血液中，会有12180个白细胞，但冬眠时平均只有5950个，然而，让人奇怪的是，尽管体内“卫士”——白细胞大大减少，但冬眠动物却从来没有出现生病的。那么，为什么每年到一定的时候，动物就会进入冬眠呢？

哺乳动物中的单孔目、有袋目、食虫目、翼手目、啮齿目及灵长目中的个别种类，鸟类中的褐雨燕及蜂鸟等都有冬眠行为，称为冬眠型动物，即异温动物。这类动物体形较小而代谢率较高，比大型的恒温动物，相对地也要消耗更多的能量才能维持恒定体温。熊及臭鼬等动物在冬季呈麻痹状态，但体温不降低或降低少许，且易觉醒，有半冬眠动物之称。变温动物到冬季亦呈麻痹状态，但它们的体温是随环境温度被动地变化，在温度降低到可耐受温度以下时，不会被激醒，而是被冻死。这种行为与恒温动物的冬眠完全不同，称为蛰眠。

冬眠型动物的年度周期可分为非冬眠季节（生殖季节）与冬眠季节。北京地区的刺猬约于3月底出眠，并立即进行生殖

活动，完成生殖后便转入肥育期，一直到10月初，是非冬眠季节；10月到3月是冬眠季节。此时，动物蜷缩不动，不吃不喝，代谢率降到最低水平。在这两个季节里，动物的生理状态迥然不同，但又互相依存。非冬眠季节后期的肥育为冬眠储存能量，在冬眠季节后期，性腺开始发育，动物出眠后便可立即进行生殖活动。冬眠型动物在非冬眠季节中，其体温是恒定的，而在冬眠季节体温是可变的，故特称为异温动物。在非冬眠季节里其体温也有2~5℃的波动，而与其亲缘相近的非冬眠型动物的体温波动仅0.5℃左右。此外，冬眠型动物对低温的耐受能力也显然较大。人的致死低体温是29~26℃，大鼠是15~13℃，而冬眠型动物则可耐受接近0℃的低体温，甚至超冷状态，如蝙蝠超冷到-9℃仍可复苏，自动产热使体温上升到正常状态。这是异温动物区别于恒温动物或变温动物的重要特征。

知识小链接

维也纳大学在对欧黄鼠的研究中发现，长达数月的冬眠会对冬眠动物的记忆构成负面影响。相比起没有进行冬眠的动物，欧黄鼠在冬眠后无法完成它们在冬眠前已学习过的任务，如在迷宫中找到正确路线，或者是控制食物机器的杠杆。一个可能的解释是，冬眠会降低神经的活性。科学家甚至已证明，脑部的神经元连接会在冬眠中断开。

冬虫夏草到底是虫还是草

洋洋最近很高兴，因为他多了个亲人——在二孩政策号召下，妈妈又生了个妹妹。

这周，每天放学，洋洋都会赶到医院，看看妈妈和刚出生的妹妹。

这天，他和往常一样来到病房，他推门进去，发现妈妈最好的姐妹——兰姨也在，手上还提着礼物。

兰姨说："小芬，这是我老公托人带回来的冬虫夏草，对产后身体恢复很有帮助。"兰姨说完，把礼物拿给了洋洋。

妈妈道了谢后，就让洋洋接过礼物。

洋洋看了看，心生好奇，就问："兰姨，这冬虫夏草，到底是虫还是草啊？好奇怪的东西。"

兰姨说："这冬虫夏草是虫草，既不是虫，也不是草，是一种真菌，是一种复合体。"

冬虫夏草是一种真菌，是一种特殊的虫和真菌共生的生物体。是冬虫夏草真菌的菌丝体通过各种方式感染蝙蝠蛾（鳞翅

目蝙蝠蛾科蝙蝠蛾属昆虫）的幼虫，以其体内的有机物质作为营养能量来源进行寄生生活，经过不断生长发育和分化后，最终菌丝体扭结并形成子座伸出寄主外壳，从而形成的一种特殊的虫菌共生的生物体。入药部位为菌核和子座的复合体。

冬虫夏草是高级滋补名贵中药材，冬虫夏草民间应用历史较早。始载于吴仪洛（1757年）《本草从新》，记有："冬虫夏草四川嘉定府所产最佳，云南、贵州所产者次之。冬在土中，身活如老蚕，有毛能动，至夏则毛出之，连身俱化为草。"又曰："冬虫夏草有保肺益肾，止血化痰，已咳嗽……如同民间重视的补品燕窝一样。"以后，本草均有收录。冬虫夏草作为药材输出国外很早，明代中叶（1723年），法国人巴拉南来华采购冬虫夏草带往巴黎，后由英国人带往伦敦。

冬虫夏草首次记载使用在清代吴仪洛的《本草从新》中，书中认为冬虫夏草性味甘，温。功能补肺益肾，化痰止咳。可用之于久咳虚喘，产后虚弱、阳痿阴冷等"虚"的病症。据研究：冬虫夏草主要含有冬虫夏草素、虫草酸、腺苷和多糖等成分；冬虫夏草素能抑制链球菌、鼻疽杆菌炭疽杆菌等病菌的生长，又是抗癌的活性物质，对人体的内分泌系统和神经系统有很好的调节作用；虫草酸能改变人体微循环，具有明显的降血脂和镇咳祛痰作用；虫草多糖是免疫调节剂，可增强机体对病毒及寄生虫的抵抗力。

冬虫夏草属于真菌门，子囊菌纲，肉座菌目，麦角菌科，虫草属。冬虫夏草是药用名；在中国，冬虫夏草种类虽然很多，但是入药的就有两种：一种叫作冬虫夏草菌，一种叫作北冬虫夏草菌。北冬虫夏草是用大米、活体蚕蛹做培养基，在试管内模拟野生虫草菌生长时所需要的营养和生长条件，培植出的虫草，药用价值与冬虫夏草野生菌相同。

虫草素的作用机理，是对小鼠肿瘤细胞系细胞的增殖有很强的抑制作用，虫草素可渗入到RNA中，在细胞内可磷酸化为3'-ATP，因而势必导致mRNA吸收和成熟障碍，影响蛋白质的合成，从而达到抑制肿瘤的作用。虫草素对人的鼻、咽癌（KD）细胞有很强的抑制作用。

知识小链接

冬虫夏草主要有调节免疫系统功能、抗肿瘤、抗疲劳、补肺益肾、止血化痰、秘精益气、美白祛黑等多种功效。

冬虫夏草的食用方法有打粉、泡酒、泡水等。冬虫夏草在我国主要产于青海、西藏、四川、云南、甘肃五省的高寒地带和雪山草原。全球仅分布于中国、印度、尼泊尔、不丹4个国家。

动物为什么对地震有异常反应

又是新闻时间，涛涛和爸爸吃完晚饭就坐在了电视机前。

在“国际新闻”的播报中，涛涛和爸爸看到了日本地震的新闻，爸爸感叹“要是没有自然灾害该多好”。涛涛的爸爸说：“不是说动物可以预报地震吗？难道人们就没有发现动物的这些特殊反应吗？”

“爸爸，你说的是真的吗？动物真的有这么神奇的本事？”

“当然是真的了，1976年唐山大地震的前一天，唐山地区滦南县王东庄的村民在棉花地里看到大老鼠叼着小老鼠跑，小老鼠依序咬着尾巴，排成一串跟着。当时就有人议论：‘老鼠搬家，怕要地动。’唐山市段各庄有一条狗，临震前那天夜里，就是不让主人睡觉。主人一躺下，它就进屋来叫，主人把它赶跑，它又叫着进房，甚至还咬了主人一口，主人非常生气，拿起棍子追出门外，紧接着大地震就发生了……”

地震是最惨烈的自然灾害之一，直到今天人类还没有找到能完全预报地震的有效办法。但人们发现，大地震发生之前，许多动物往往有异常反应。

在我国，利用震前动物异常预测地震，曾经取得过良好的效果。1967年7月18日上午，天津人民公园的管理员发现，平时生活在水底的泥鳅、甲鱼等上下翻滚不停；天鹅两脚朝天，就是不下水；东北虎精神不振，呆头呆脑；西藏牦牛则躺在地上打滚。他们立即向市地震办公室报告，并提出了预报意见。结果就在当天下午，渤海发生了7.4级大地震。

研究发现，有些植物也具有预报地震的本领。如在印度尼西亚爪哇岛一座火山的斜坡上，遍地生长着一种花，它能准确地预报火山爆发和地震的发生。人们观察发现，如果这种花开得不是时候，那就是告诉人们，这一地区将有大灾降临，不是将有火山爆发，就是有地震发生。据说，其准确率高达90%以上，因此这种花被人们称为“地震花”。

日本东京女子大学岛山教授对合欢树进行了多年生物电位测定，经分析发现，合欢树能预测地震。如在1978年6月10~11

日白天合欢树发出了异常大的电流，特别是在12日上午10时左右观测到更大的电流后，下午5时14分，在宫城海域就发生了7.4级地震。1983年5月26日中午，日本海中部发生了7.7级地震，在震前20小时，岛山教授就观测到合欢树的异常电流变化，并预先发出了警告。

在“植物王国”里，能够预报地震的植物还有对气候变化极为敏感的含羞草。在日本发生过一次强地震，地震前一天清晨，含羞草的小叶突然全部张开，到上午10时小叶全部闭合，临震前数小时——半夜零点，含羞草的小叶又突然全部张开，不久就发生了地震。

那么，震前动植物为什么会发生异常反应呢？大家知道，地震前，震源区的岩石在强大的地压力作用下，发生着剧烈的物理变化和化学变化，同时会产生声（机械振动）、光、电、磁和热等物理现象。

地震前的地声现象是众所周知的事实。近年来的实验研究和现场观测发现，这些声音是由于震源区岩石破裂而发出的。所发出声音的频率不仅有20~2万赫兹的人类可以听到的声音，也有2万赫兹以上的超声波和20赫兹以下的次声波。人耳对超声波和次声波是毫无反应的，但有些动植物对它们的反应相当灵敏。例如，鱼类对1~20赫兹的次声波就能感觉到。而在地震前，金鱼惊慌不安，发出尖叫声，甚至跳出鱼缸，可能都与震源发出的次声波或超声波有关。异常出现的超声波振动促使“地震花”的新陈代谢发生突变，于是花就开了，向人们发出将有火山爆发或地震发生的预报。合欢树能在震前两天做出反应——出现异常强大的电流，这是由于它的根部能敏感地捕捉到震前的地球物候变化和磁场变化的信息的缘故。

地光也是地震的一种前兆现象。地光耀眼夺目，五彩缤纷，它对动物很可能是有刺激的。鸟类的视神经特别发达，善于远视，而且它们对从未见过的色彩特别恐惧。鸟类的异常反应，在震前是很普遍的，很可能与地光有关。

动植物能够预先感知地震，这是事实。但是，动植物的异常反应并不都是地震引起的，也可能是由于天气变化、季节更替、生活环境的改变、饲养不当、受到惊吓或者其他一些生理变化引起的。因此对于动植物与地震关系的研究，现在仍处于探索阶段，虽然发现了其中的一些因果联系，但距离把其中的奥秘完全搞清楚还差得很远。

知识小链接

动物为什么能事前知道地震？因为许多动物的器官对自然灾害特别敏感，它们比人能提前知道灾害的来临。

第2章

了解人类，发现人的身体的秘密

生活中，承载我们每天生活与工作等各种活动的，就是自己的身体，也许我们最熟悉的也是自己的身体，但对于人体的知识，你了解多少呢？其实，人体的奥秘很多，小朋友，不妨带着疑问来看看下面的内容吧。

人为何要睡觉，不睡觉会怎样

马上要期中考试了，这让一直勤奋学习的丹丹很焦虑，她老觉得自己有好多知识点没学好，而且，她一直是第一名，万一这次名次落后了，会不会被老师批评？会不会被同学说三道四？爸妈会不会怪我？带着这些问题，丹丹最近失眠了。

这天晚上，已经是12点多了，丹丹还睡不着。妈妈起来上卫生间，看到女儿房间的灯还亮着，就敲门进来了。

“怎么了？怎么不睡？”

“睡不着啊。”

“是不是最近压力太大了，妈妈告诉你，不管你考试成绩怎么样，我们都不会怪你，因为你已经很努力了。再者，人最需要的就是休息了，你不睡觉怎么撑得住？第二天头昏脑涨的，你也没办法上课学习啊。”

“我知道啊，妈妈，我会调整好自己的，不过，我现在有个疑问，你说人为什么非要睡觉呢？万一不睡觉，会不会死呢？”

我们都知道，在人的一生中，大概有三分之一的时间都是在睡眠中度过的。成年人每天要睡六七个小时，新生儿每天要睡二十个小时以上，老年人睡眠时间相对少点，由此可见睡眠对每一个人是多么重要。从某种意义上说，睡眠的质量决定着生活的质量。可是一个人为什么要睡眠？这个问题一直是科学家想要彻底解决的。

对此，在英国皇家学会会报上，公布了一则历史记录，17世纪末一个特别能睡觉的人，名叫塞谬尔·希尔顿。希尔顿身体结实健壮，并不肥胖。1694年5月13日希尔顿一觉睡了1个星期，他周围的人用了各种方法都叫不醒他。1695年4月9日，希尔顿开始睡觉，无论人们是给他放血还是用火熏烫，施以各种刺激，依然起不到任何作用。这次，希尔顿睡了17个星期，到8月7日才醒来。

与此相反的是，也有一些人，他们的睡眠时间很少，在美国《科学文摘》杂志上，介绍了一个每天只需要睡两小时的人，他名叫列奥波德·波林。虽然波林每天只睡两小时，但这两小时他却能睡得十分安稳、踏实。令人惊奇的是，虽然只睡两小时，但波林精力充沛，每天可以连续工作10小时，从来都不觉得头晕眼花。据波林自己回忆，五六岁的时候，他就不需要太多睡眠，别的孩子每天睡10小时，他只需要五六个小时的睡眠时间就够了。

我们每个人需要的睡眠时间有长有短，但无论多久，睡觉都是人必不可少的行为。这一点似乎已为众多的研究人员所接受。但是，从科学的角度来看，似乎“人们为什么一定要睡觉”这一问题，科学界还没有给出明确的定论。睡觉的功能成了脑科学中一个引人入胜的谜。许多研究人员从不同的角度给出了自己的见解。

科学家们发现，睡眠可以分为两种完全不同的状态：一种叫作快波睡眠，也有人把这种睡眠状态称快速眼动睡眠。顾名思义，就是睡眠时眼球转动得很快，大脑也非常活跃，人做梦都是出现在这个时期。

另一种状态叫作慢波睡眠，它是第一种状态的深化，睡眠人进入更深的无意识状态。科学家发现，快波睡眠和慢波睡眠的作用是不一样的，两种状态也在睡眠过程中交替出现。

科学家比较一致的看法是，睡眠是让大脑和小脑休息的。动物需要睡觉，而没有大脑的植物不用睡觉；人体的有些器官，如肝脏，是不休息的。这表明睡眠是整个脑部特有的现象，至少慢波睡眠可以使脑部修补自由基所造成的损害。自由基是新陈代谢的副产物，可损伤人体细胞。其他器官可以通过放弃和替换受损细胞来修补这种损害，但脑无法这样做，只能

让人进入睡眠状态，尤其是慢波睡眠状态，人体组织才能利用这段难得的“闲暇时间”进行“抢修”作业。那么快波睡眠又有什么作用呢？有些研究者指出，这是脑部在进入慢波睡眠之前所做的“准备动作”和“整理动作”，是对慢波睡眠的补充。可是也有研究者不同意这种看法，认为快波睡眠可能与早期脑部发育有关，但持这种观点的科学家还没有找到令人信服的证据。

睡眠的重要性早已毋庸置疑，那么，假如我们人类不睡觉呢？我们都知道这样几个事实：一个普通人的基本生存边界很早就家喻户晓了：在没有空气的情况下人仅能存活3分钟；在没有水的情况下人能活3天；在没有食物的情况下，人能存活3周。那么，人在连续多久不睡觉之后才会因此毙命？

经过论证，人不睡觉大约10天就会死亡。人类最长不睡觉的纪录是264个小时，这个纪录由一个高中生在1965年创造，在11天之后他将要睡着时，他基本上已经进入无意识状态。

据称，空军飞行员在被剥夺睡眠三四天之后会进入一种精神错乱的状态，而且会因为突然进入睡眠状态而导致飞机坠机。即使只有一个通宵没有睡觉，也会晕晕乎乎的像喝醉了一样。

因此，生活中的我们，无论工作和生活再忙碌，也要注意休息，保持充足的睡眠，不可挑战自己的身体极限。只有休息好了，才能以更饱满的精神状态投入工作中。

知识小链接

睡眠对人的身体的作用早已毋庸置疑，不管睡眠时间长短如何，睡觉都是人必不可少的行为之一。通过睡眠休息，可以促进体内组织的生长和修复，从而消除体力疲劳。不仅如此，睡眠还可以消除精神疲劳、缓解压力。所以，如果人长时间不睡觉，精神和身体将会受到双重严重伤害，必然影响生命。

人为什么要眨眼睛

这天，课堂上，生物老师请两位同学做了一个实验，老师告诉这两位同学："你们能不能做到一两分钟不眨眼睛呢？"

两位同学都点了点头，但是事实情况是，在不到两分钟的时间内，这两位同学都眨了眼睛。

可能大家都会问"为什么"，这就是本节我们要学习的内容——人体不自觉地眨眼睛的秘密。

我们每个人每天都在不停地眨眼，正常人每一分钟要眨眼10～20次，每一次眨眼的时间为0.2～0.4秒，不算睡眠时间，一个人一天大约要眨眼1万次，人体中最忙的就是提睑肌了。每次眨眼间隔只有4～5秒。

不要小看眨眼这个简单而且又很短的小动作，它的作用一点也不小。眨眼到底有哪些作用呢？

眨眼的时候泪水均匀地涂抹在角膜和结膜上，可以使它们湿润，不干燥。眨眼同时可以促使泪液排出，这就是你感觉眼睛干燥时就自动使劲闭眼的原因。另外，眨一次眼就和擦一次

“玻璃窗”一样，使眼睛总是保持明亮。

那么，在你的眼睑上，“忽闪忽闪”的那是什么呢？对了，是眼睫毛！我们知道眼睫毛是用来挡灰尘的，可是，当小飞虫或是其他什么东西突然袭来，眼睫毛抵挡不住了该怎么办？不用急，这时眼皮就放下来了。这就是眨眼的第一个原因——用来防范对眼睛的意外伤害。

眨眼时闭上眼皮，可以预防光线不断地进入眼里，眼底的视网膜得到短时间的休息。不要看眨眼只是“瞬间”，加在一起，每天竟有1小时。换句话说，我们每天要做1小时的“瞎子”，可是本身又感觉不到“黑暗”。有的科学家认为，在视网膜短时间休息时，正好是大脑神经传送上次从视网膜神经细胞感受器传出来的信息，没时间分析紧接着下一个视觉冲动又

传送到神经中枢，所以我们就感觉不到黑了。

眨眼能使直射眼底的强烈光线变弱，这和窗帘挡住阳光的作用差不多。可以想象，如果眼睛总在睁着的状态，光线不停地照在视网膜上，那么我们的眼睛不用多长时间，就会视力减弱，很可能会疲劳至盲。

眨眼可以放松提睑肌，如果让它一动不动，你就可能会感觉到眼睛又酸又痛、还涨。眨眼可以有助眼睛排除异物，像尘粒等。

有的人特别爱眨眼，造成眼睛过于劳累，从而影响视力。产生这种毛病的主要原因是：由于患有某些眼病，眼睛为减轻不舒适的感觉，只好加快眨眼的频率，时间一长就养成爱眨眼的习惯，等眼病治好了，仍然留下爱眨眼的毛病。

爱眨眼并不是病，如果没有不舒适的感觉，就不需要治疗，只需克制，尽量减少眨眼的次数，过一段时间就会好转。如果在爱眨眼的同时还有怕光、流泪、视力下降等症状，就应及时到医院诊治。

知识小链接

眼睛是人最“娇气”的器官，“眼睛里揉不下沙子”就是这个意思。其实人体许多器官对外界的反应都有一种自我保护的能力，眨眼就是其中的一种。眨眼的时候，眼泪能把眼球表面的细微灰尘洗掉，保持了眼部的清洁。另外，眨眼也是眼睛休息的一种方式。

人为何是直立行走的

天天和妈妈谈完人类的进化历程后，对人类的身体进化产生了浓厚的兴趣。

看完《动物世界》后，天天就开始缠着爸爸问这问那："爸，我看电视上的节目，发现很多动物都是四肢着地的，那人为什么会有手有脚、直立行走呢？"

对于儿子的问题，爸爸一直是知无不言，言无不尽，他告诉天天："因为我们人类与动物不同，我们在进化过程中，逐渐产生了手与脚分开的必要，而这也是我们与动物最大的区别。"

在人类起源过程中直立行走是非常重要的一环，可以这样说，如果没有直立行走，人类祖先不会朝人类方向发展，它是从猿到人转变过程中有决定意义的一步。对于人如何直立起来的这一问题众说纷纭，从劳动的观点出发，直立是由于上肢（手）更多地从事操作性活动，从支撑功能中解脱出来，由于上下肢（手脚）分工，人于是直立起来。但现在已知道人类祖

先直立的时间先于工具和武器出现的时间。目前已找到人直立的最早证据是在坦桑尼亚的莱托利地区，距今370万年的层面上发现有明显属于直立行走的脚印，而目前所能找到的最粗陋的工具（石器），距今200万年左右，所以许多学者否定直立行走是为了便于使用工具和投掷武器的看法。

那么人为什么会直立起来呢？有的专家认为，人类祖先当初由森林来到开阔草地活动时，为了警戒猛兽的袭击，它们不得不在高高的草丛里站立起来，以便及时发现猛兽而躲避，久而久之，人就直立了起来（警戒说）。英国利物浦工学院脊椎动物心理学与进化论讲师惠勒在《新科学家》周刊上撰文说，早期人类从森林走向较为开阔的平原时，会遭到阳光强烈的照射和较高气温的袭击，人无法用呼气的方式来降低体温，而且巨大而脆弱的大脑会因体温升高1～2摄氏度而受伤。然而当人站立起来时，体表受阳光照射的面积会大大降少，这是保持头部凉快很有效的方式。所以他认为直立是源于保持头部凉快免于中暑，而非为解放手臂之故（保持头部凉快说）。

还有一种理论颇为特别，即“水生论”认为人的祖先曾一度在水中生活，由此造就了人体一系列特殊的形态与机能，包括直立姿势在内。这一理论之所以出现，是由于人体有很多形态特征与机能难以用陆上进化方式来解释，这些特征有：裸露光滑的皮肤，皮下脂肪层很厚；残存的体毛排列方式是流线型；人类性器官的特殊形状与位置；人是唯一会哭的动物，且泪水中含有盐分，等等。故而1960年时，英国海洋生物学家哈第提出“水生论”，认为在晚中新世或早上新世时，生活在非洲海岸的一群古猿因严重干旱而被隔离，为了逃避猛兽的袭击和便于觅食就转入水中生活。在生活方式剧烈变化所产生的强大进化压力下，在相对短的时间内，人类祖先获得了一系列为现代人类所拥有的前述那些特点。尤其在水中生活为了抬头在水面上呼吸，同时在水中还要踩水，这就使躯体直立起来。动物适应水中生活最普遍的特征之一是无毛，人体的无毛正是水中生活的结果，由于在水中潜游，残存的毛发排列方式呈流线型，连人体本身也呈流线型。“水生论”为不少学者所接受和推崇。澳大利亚曾拍摄过一部“水中婴儿”的电视片，也用作“水生论”的例证，即那些尚不会走路的婴儿，在水中却行动自如，仿佛水中是他们的故乡一般。

很有趣的是，有些古人类学家认为一些古人类学新发现也为这一学说提供了佐证：20世纪60年代古人类学家曾认为直立行走与大脑袋婴儿的娩出相抵触，直立使骨盆的结构难以适应人类大脑袋婴儿的娩出。以后在埃塞俄比亚发现了一具保存有40%骨骼的阿法种南猿化石——所谓“露西少女”骨架。它

距今年代为290万～320万年，同时在附近地点找到仿佛是一个家庭成员的南猿残骸，其中有4个儿童和1个婴儿几乎完整的头骨化石。研究表明，其实婴儿的头脑并不大，与露西少女骨盆的大小是匹配的。露西骨架的形态特点还表明她是具有直立能力的。那么露西是如何直立起来的呢？这就跟“水生论”联系了起来，科学家推测，当水栖的猿的后代重新回到陆地上生活时，他们已是裸露皮肤、脑袋小的个体，他们的孩子依附性很强，紧紧依附于母亲，需要抱。这样，露西为了抱孩子，双脚必须走路，而孩子的父亲双手拿着食物回家时，也需要用双脚行走，人的直立就这样形成和完善起来，所以直立行走与抱孩子有关。

“水生论”是近些年发展起来的一种新理论，很新颖，但需要慎重对待。

知识小链接

人类之所以要直立行走，总结起来有两点原因：首先，生存环境的变化，人类祖先中有极小部分基因突变。其次，直立行走这个功能适应当时的生存环境。

人的瞳孔为什么会有变化

阳阳妈最爱看肥皂剧了，只要是黄金时段的电视剧，基本上没有落下过，最近霸屏的是她最喜欢的一个中年男明星，这次饰演的是一个男医生，阳阳妈觉得他简直帅极了，吃完饭碗一刷，就坐在了电视机前。

周五这天晚上，阳阳不着急做作业，就陪妈妈一起看。

阳阳看着电视剧里的对白。

医生："快，快，血压、心率……多少？"

护士：……

医生："不行，病人瞳孔扩散了，通知家属吧。"

阳阳看了看旁边的妈妈，已经稀里哗啦哭起来了。

妈妈看了看女儿："你不觉得好可怜吗？"

阳阳："嗯，不过我更想知道人死之前为什么会瞳孔扩散。"

妈妈："我也不知道，你爸是医生，他能告诉你答案。"

对于阳阳的问题，我们先要从人的瞳孔变化开始说起。

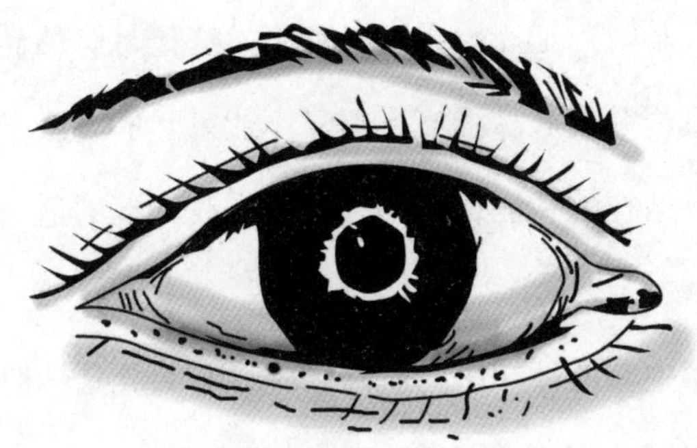

瞳孔是虹膜中间的一个小圆孔，由虹膜围成。眼睛中的虹膜呈圆盘状，中间有一个小圆孔，这就是我们所说的瞳孔，也叫“瞳仁”。

瞳孔虽然不是眼球光学系统当中的一个屈光元件，但是，在眼球光学系统当中却起着重要的作用。瞳孔不仅可以对明暗做出反应，调节进入眼睛的光线，也影响眼球光学系统的焦深和球差。

成人瞳孔直径一般为2.5～4mm，呈正圆形，两侧等大，用药物缩瞳或扩瞳时，最小可到0.5mm，最大可到8mm。小于2mm者叫瞳孔缩小，大于5mm者叫瞳孔开大。瞳孔大小与人的年龄、性别、生理状况、外界刺激和情绪等因素有关。

瞳孔就像照相机里的光圈一样，可以随光线的强弱而变大或缩小。

我们在照相的时候都知道，光线强烈的时候，把光圈开小

一点，光线暗时则把光圈开大一点，始终让足够的光线通过光圈进入相机，并使底片曝光，但又不让过强的光线损坏底片。瞳孔也具有这样的功能，只不过它对光线强弱的适应是自动完成的。

在虹膜中有两种细小的肌肉：一种叫瞳孔括约肌，它围绕在瞳孔的周围，宽不足1mm，它主管瞳孔的缩小，受动眼神经中的副交感神经支配；另一种叫瞳孔开大肌，它在虹膜中呈放射状排列，主管瞳孔的开大，受交感神经支配。这两条肌肉相互协调，彼此制约，一张一缩，以适应各种不同的环境。瞳孔括约肌和瞳孔开大肌，是人体中极少数由神经外胚层分化而来的肌肉。

瞳孔的变化范围可以非常大，当极度收缩时，人眼瞳孔的直径可小于1mm，而极度扩大时，可大于9mm，虹膜的括约肌能缩到其长度的87%，这是人体其他的平滑肌或横纹肌几乎不可能达到的。

通过瞳孔的调节，始终保持适量的光线进入眼睛，使落在视网膜上的物体形象既清晰，而又不会有过量的光线灼伤视网膜。

瞳孔的大小除了随光线的强弱变化外，还与年龄大小、屈光、生理状态等因素有关。

一般来说，老年人瞳孔较小，而幼儿至成年人的瞳孔较大，尤其在青春期时瞳孔最大。近视眼患者的瞳孔大于远视眼患者。情绪紧张、激动时瞳孔会开大，深呼吸、脑力劳动、睡眠时瞳孔就缩小。此外当有某些疾病，或使用某些药物时，瞳孔也会开大或缩小，如颅内血肿、颅脑外伤、大脑炎、煤气中毒、青光眼等，或使用阿托品、新福林、肾上腺素等药物时，都可使瞳孔开大；脑桥出血、肿瘤、有机磷中毒、虹膜睫状体炎等，或使用匹罗卡品、吗啡等药物时，都可使瞳孔缩小。

瞳孔在光照下，可引起孔径变小，称为直接对光反射。如光照另一眼，非光照眼的瞳孔引起缩小，称为间接对光反射。视近物时，因调节和辐辏而发生的瞳孔缩小，称为瞳孔近反射，系大脑皮层的协调作用。

知识小链接

瞳孔括约肌是由第三对脑神经——动眼神经支配的，瞳孔散大说明脑神经反射消失，所以通常把瞳孔散大作为临床死亡的重要根据。

神奇的指纹破案法

在所有的电视剧里，阳阳最爱看的是刑侦剧，就像她喜欢看《福尔摩斯》一样，因为她爱推理，能享受到思考的乐趣。在看动漫《名侦探柯南》时，经常一开始她就推算出整个案件的过程。

最近，妈妈在看老的刑侦港片，这几天晚上，阳阳一有时间就偷偷看一点，妈妈对于阳阳的兴趣很不解。

“你也喜欢看这个？”

“是啊，有问题？”

“你们这么大的孩子应该喜欢看青春偶像剧呀？”妈妈问。

“那是别人，又不是我。”

“也是。”

“妈妈，你知道刚才这起案件凶手是谁吗？”

“才开始呢，我怎么可能知道？”

“是那个××，因为他不小心在阳台的玻璃门上留下了

指纹。”

“这你都能看出来？”

“那个特写镜头我注意到了。不过不知道电视剧里这些警察需要多久才能找到凶手。”

这里，阳阳和妈妈所说的破案方法就是指纹破案。指纹破案是指通过指纹鉴别来确定罪犯的一种技术。

那么，什么是指纹呢？

指纹，也叫掌印，即是表皮上突起的纹线，由于人的指纹是遗传与环境共同作用的，其与人体健康也密切相关，因而指纹人人皆有，却各不相同，由于指纹重复率极小，大约150亿分之一，故其称为“人体身份证”。

指纹是人类手指末端指腹上由凹凸的皮肤所形成的纹路，指纹能使手在接触物件时增加摩擦力，从而更容易发力及抓紧物件，它是人类进化过程中自然形成的。

伸出手，仔细观察，即可以发现小小的指纹也分好几种类型：有同心圆或螺旋纹线，看上去像水中旋涡的，叫斗形纹；有的纹线是一边开口的，即像簸箕似的，叫箕形纹；有的纹形像弓一样，叫弓线纹。

各人的指纹除形状不同之外，纹形的多少、长短也不同。据说，现在还没有发现两个指纹完全相同的人。指纹在胎儿第三四个月便开始产生，到6个月左右就形成了。当婴儿长大成人，指纹也只不过放大增粗，它的纹样不变。

每个人的指纹都是独一无二，终生不变的，历史上指纹破案最著名的一个案件是1892年在阿根廷发生的一起血腥案件，最终警察通过指纹将罪犯绳之以法。随着科学发展，人们又发明了自动指纹识别系统，这大大地增加了破案的科技含量。

1892年夏天，在阿根廷一个名叫内科惬阿的小镇上，发生了一起血腥的谋杀案。一名叫作弗朗西斯卡的单身妇女报案：她的两个孩子（男孩6岁、女孩4岁），被人用石块砸破了脑袋，杀死在家里。据弗朗西斯卡称，本镇的男子维拉斯奎曾向她求婚，被她拒绝后曾威胁她要杀死她的孩子。而且，案发的那一天她回家时正好遇见维拉斯奎匆忙地从她家出来。为此维拉斯奎被管辖该镇的拉普拉塔警察局逮捕。但是，维拉斯奎说什么也不肯承认是他杀害了这两个孩子。他还给出了案发当天他实际上不在场的可靠证明。

拉普拉塔警察局警长阿尔法雷兹带着警官沃塞蒂系再次来到现场搜查。他们搜遍了凶杀案发生时的那间卧室，仍然没有找到一点线索，正当他们失望地准备离开时警长突然在一缕阳光下见到门框上有一个棕褐色的手指血印。阿尔法雷兹知道同事沃塞蒂系正在研究人的手指指纹的差异，于是就和他一起将

那血指印连同门框的木头一同据下带回了警察局。经研究他们发现那指印是人的拇指印。于是，警长就让嫌疑人维拉斯奎核对拇指印，结果不符。然后，他又叫来弗朗西斯卡。出人意料的是，她的拇指印正与门框上的血印相符。弗朗西斯卡连自己也惊呆了，她不得不承认是为了和情夫结婚，而情夫嫌小孩讨厌，才起了坏心杀死了自己的两个亲生孩子。

受此案的鼓舞，沃塞蒂系将自己的研究成果专门写成《指纹学》出版，而阿根廷警察当局，也开始正式采用指纹进行人的身份鉴别和破案。以后，这种破案方法终于为全世界警察部门所普遍应用。而且随着对指纹研究的深入，人们发现世界上每个人的指纹都是不一样的。现在，许多国家都将一些犯罪的指纹预先存入警察局的电脑里。在侦破案件时，只需要将从现场提取的指纹同档案里的核对，就能确定这些犯罪是否重新犯罪。

知识小链接

指纹具有“各不相同，终生不变”的特性。很早以前，人们就在纸上或木板上按手印来标识身份。指纹已被广泛用于入境检查、搜查罪犯等领域。指纹是表皮上线状排列的凸起和凹陷所形成的纹路，“一种肤纹”。众所周知，古巴比伦人和中国在很久以前就利用指纹来验证人的身份。

人的骨骼有多少块

这几天，妈妈出差了，爸爸负责照顾阳阳的生活起居，但医院工作实在太忙了，没办法，爸爸只能让阳阳自己步行到医院，然后带她一起回家。

这天，阳阳在爸爸办公室待得无聊，就在房间里走来走去。走着走着，她对放在墙边的一副骨架产生了兴趣，然后就数啊数，这时，爸爸刚好进来了，说："怎么？你也对学医感兴趣啊？"

"这个太深奥了，不懂，我就是在数这人体有多少块骨头。"

"那你可真数不过来，人在不同年纪，骨骼数量是不同的，而且，人的骨骼数量都是不一样的。"爸爸解释道。

"这么神奇啊？那还真挺有意思的。"

"感兴趣吗？感兴趣以后学医，哈哈。"爸爸说完，又去忙自己的了。

我们都知道，骨头是支撑人身体的支架，但不知你是否思

考过这样一个问题：人的骨骼有多少块？

关于这一问题，大概骨科医生能给我们最权威的答案。实际上，我们不曾料想到的是，人在不同时期的骨骼数量是不同的。

成人有206块骨。骨与骨之间一般用关节和韧带连接起来。除6块听小骨属于感觉器外，按部位可分为颅骨23块、躯干骨51块、四肢骨126块。

但儿童的骨头却比大人多。因为：儿童的骶骨有5块，长大成人后合为1块。儿童的尾骨有4～5块，长大后也合成为1块。儿童有2块髂骨、2块坐骨和2块耻骨，到成人就合并成为2块髋骨了。这样加起来，儿童的骨头要比大人多11～12块，就是说有217～218块。医学书上说，初生婴儿的骨头竟多达305块。

当然，说成人有206块骨头，是就全球人类的“总体”而言的。人群在这方面存在差异。我国科学工作者1985年进行的抽样调查表明，中国人的骨头要比欧美人少，大多数人只有204块骨

头。而在欧美，绝大多数人有206块骨头。这是由于大多数中国人的脚上第5趾骨为2块骨头，不像欧美人有3块骨头。每只脚少1块，所以只有204块。

那么，人体的骨骼起到什么作用呢？

（1）支持作用：人体不同的骨骼通过关节、肌肉、韧带等组织连成一个整体，对身体起支撑作用。假如人体没有骨骼，那只能是瘫在地上的一堆软组织，不可能站立，更不能行走。

（2）保护作用：人体的骨骼如同一个框架，保护着人体重要的脏器，使其尽可能地避免外力的“干扰”和损伤。例如颅骨保护着大脑组织，脊柱和肋骨保护着心脏、肺，骨盆骨骼保护着膀胱、子宫等。没有骨骼的保护，外来的冲击、打击很容易使内脏器官受损伤。

（3）运动功能：骨骼与肌肉、肌腱、韧带等组织协同，共同完成人的运动功能。骨骼提供运动必需的支撑，肌肉、肌腱提供运动的动力，韧带的作用是保持骨骼的稳定性，使运动得以连续地进行下去。所以，我们说骨骼是运动的基础。

（4）代谢功能：骨骼与人体的代谢关系十分密切。骨骼中含有大量的钙、磷及其他有机物和无机物，是体内无机盐代谢的参与者和调节者。骨骼还参与人体内分泌的调节，影响体内激素的分泌和代谢。骨骼还与体内电解质平衡有关。

（5）造血功能：骨骼的造血功能主要表现在人的幼年时期，骨髓腔内含有大量的造血细胞，这些细胞参与血液的形成。人到成年后，部分松质骨内仍存在具有造血功能的红骨髓。

知识小链接

人骨中含有水、有机质（骨胶）和无机盐等成分。其中，水的含量较其他组织少，平均为20%~25%。在剩下的固体物质中，约40%是有机质，约60%是无机盐。无机盐决定骨的硬度，而有机质则决定骨的弹性和韧性。

人类肤色为什么各有不同

楠楠最近因为父母工作的调动而在一所国际学校就读，虽然楠楠还不是很适应，但她很喜欢这样有趣的学校，因为学校里有很多国家的学生，她也看到和听到了从前不知道的很多有趣的事。

周末这天，新邻居来家里做客，妈妈与邻居谈到了孩子的教育问题。

邻居说：“其实，你们这样老是调动工作，对孩子的学习可不是好事。我以前也是这样，后来不得不换了个稳定的工作，没办法，孩子还是最重要的。”

“是啊，不过好在我家女儿适应能力很强，这不，最近，她还认识了不少外国学生呢。另外，她就是到了新学校，与以前的好朋友、同学都还经常联系。”

这时候，楠楠从外面回来，看到有客人在，问了声好之后，也加入了聊天。

“是啊，新学校还挺好玩的呢，我们班一半以上的同学还是

外国人呢，大概黑色皮肤的有10个，白皮肤的也有10个。不过我很好奇，为什么有这么多不同的肤色，难道是因为我们的饮食习惯不同吗？我喜欢吃米饭，他们喜欢吃肉。”楠楠说。

“哈哈，不是这样的，影响人的肤色的因素有很多种，不同地域的地理条件，阳光的光照、温度，当地风俗习惯，生物遗传因素，黑色素的多少，等等。”

人的皮肤好像一面镜子，反映人的生命活力和健康状况。健康状况不同的人，肤色存有差异。不同人种的肤色也有极明显的差异。黄种人的肤色淡黄或棕黄；黑种人的肤色黝黑；白种人的肤色则多为浅淡色，但也有深色的。那么，不同人种的不同肤色是怎样形成的呢？

人的肤色不同是由于黑色素的分泌量多寡和分布状态的不一致所形成的。黑色素是一种不含铁质的褐色颗粒，多与蛋白质结合，存在于皮肤表皮生发层的细胞内，或一部分存在于细胞间。当黑色素的量较多，并以颗粒状集中分布于生发层时，皮肤的颜色为黑色。如果黑色素的量多，且其分布延伸到颗粒层，则皮肤为深黑色。相反，如果生发层所含的黑色素量少，并呈分散状态分布，则皮肤为浅颜色。白种人皮肤的黑色素量最少，又是散状分布于生发层，所以肤色最浅，以致皮下微血管的颜色透出，而往往呈现“肉色”。

早期不同肤色的形成与环境影响有着密切的关系。人类学家认为，人类是在非洲和亚洲南郊地区进化而来的。那里阳光充沛、紫外线强烈，人的皮肤多为黑色，以抵挡强烈阳光的照射。随着古人类的迁移，人的肤色就从深色变成浅色，或从浅色变成深色。随着人类社会的发展，地理环境对人体的作用也就不断减弱。不同人种的肤色，还与遗传有一定的关系。例如，非洲人的皮肤呈黑色，这个特征可以保持在他们的后代中，虽然他们移居到美洲或欧洲，但黑色的皮肤仍然被遗传下来。此外，血统的混合，也可以产生新的种族类型。乌拉尔人就是黄种人与白种人混合而成的。

深肤色对人体有一定的保护作用，特别在热带地区，可使人们更好地忍受紫外线的强烈照射，保护深层的血管等组织免受伤害。

知识小链接

人类学家把地球上的人分为三大类：黄种人、白种人和黑种人。黄色人种是世界上分布最多的人种。一个人的肤色，与多种因素有关，如皮肤的折光性、毛细血管的分布、血液流量等，但最主要的因素是皮肤内的色素物质。色素分布越多越密，则人体肤色就会越深越重；相反，色素分布越少越稀，则人体肤色就会越白越淡。

为何喝酒会醉人

盈盈的爸爸是一名销售经理，他的主要工作就是将产品卖出去，所以不得不经常应酬。这不，都到夜里11点了，爸爸还没回来，妈妈在客厅一直等着爸爸，而盈盈也没有睡着。

盈盈走出房间，陪着妈妈。

“你怎么不睡？明天还要上学呢。”

“爸爸没回来，我挺担心的，睡不着。”

“是啊，肯定又是喝醉了回来。”妈妈长长地叹了声气。

“那爸爸为什么要喝酒，不喝不行吗？”盈盈问。

“他们那个工作性质，就是要应酬，顾客喝不高兴，怎么愿意跟你签合同呢？”妈妈解释着。

“嗯，我虽然不懂，但是知道爸爸肯定是身不由己。不过喝酒为什么会醉呢？”

无论是中国还是世界其他国家，酒都有着深厚的文化内涵，无酒不成席，酒能加深人与人之间的感情，但为什么人在喝酒多了之后就会醉呢？

其实，这是因为酒精对神经有一定的影响。

酒精以不同的比例存在于各种酒中，它在人体内可以很快发生作用，改变人的情绪和行为。这是因为酒精在人体内不需要经过消化作用，就可直接扩散进入血液中，并分布至全身。酒精被吸收的过程可能在口腔中就开始了，到了胃部，也有少量酒精可直接被胃壁吸收，到了小肠后，小肠会很快地大量吸收。酒精进入血液后，随血液流到各个器官，主要分布在肝脏和大脑中。

酒精在体内的代谢，主要在肝脏中进行，少量酒精可在进入人体之后，马上随肺部呼吸或经汗腺排出体外，绝大部分酒精在肝脏中先与乙醇脱氢酶作用，生成乙醛，乙醛对人体有害，但它很快会在乙醛脱氢酶的作用下转化成乙酸。乙酸是酒

精进入人体后产生的唯一有营养价值的物质，它可以提供人体需要的热量。酒精在人体内的代谢速率是有限度的，如果饮酒过量，酒精就会在体内器官，特别是在肝脏和大脑中积蓄，积蓄至一定程度即出现酒精中毒症状。

若饮酒多或快，进入人体的乙醇由于不能及时被消化吸收，会随着血液进入大脑。在大脑中，乙醇会破坏神经元细胞膜，并会不加区别地同许多神经元受体结合。酒精会削弱中枢神经系统，并通过激活抑制性神经元（伽马氨基丁酸）和抑制激活性神经元（谷氨酸盐、尼古丁）造成大脑活动迟缓。伽马氨基丁酸神经元的紊乱和体内阿片物质（抗焦虑、抗病痛）的分泌会导致多巴胺的急剧分泌。人体内的阿片物质同时还与多巴胺分泌的自动调节有关。会对记忆、决断和身体反射产生影响，并能导致酒醉和昏睡，有时还会出现恶心。饮酒过量可导致酒精中毒性昏迷甚至死亡。

知识小链接

人一喝酒，其中的乙醇便迅速地被消化系统吸收，进入血液，传到脑部。乙醇令脑与身体之间信息的传达变慢，心跳加速，心脏负担加重。如果饮酒过度，脑中控制语言、视力和平衡的中枢会受影响，人就醉了。

第3章

发现植物，植物习性知多少

我们所生活的这个世界是奇妙的，尤其是大自然中的植物，任何一个对自然科学有兴趣的人，都会有无穷尽的疑问。例如，树的年轮是怎么回事？花儿为什么万紫千红？植物会睡眠吗？……这些疑问，我们都能从下面这一章中找到答案。

树也有年龄——年轮之谜

春天来了，万物复苏，学校组织学生进行春游活动。

春游的地点是市郊的一片植物园，里面花草树木繁多，学生们可以在里面观赏、游玩。

芳芳和兰兰在出发前从家里拿了相机，所以她们开始四处拍照，她们走着走着，突然发现草丛中有几个树墩，像是刚被砍掉不久的样子，因为痕迹还是新的。

芳芳看了看树墩，说："这树应该有些年头了，你看这么粗。"

兰兰则说："树年纪应该不是看树的粗细。"

芳芳问："那怎么判断？"

兰兰说："每棵树的生长速度都不一样，判断树的年纪，要看年轮的，你看，这一圈一圈的就是年轮。"

芳芳："你懂得真不少，这一圈就代表一年是吧？"

兰兰："应该是。"

我们都知道，人都有年纪，其实树也有，而年轮就是判

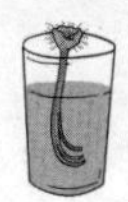

断树木年纪的重要依据。实际上，木匠从久远的时代起，就知道树干里面有年轮，有了年轮，木材上才出现纹理。据我们所知，亚里士多德的同事就曾提到过年轮，不过到达·芬奇时才第一次提出年轮是每年增加一圈的。今天已经众所周知：春回大地，万象更新，紧挨着树皮里面的细胞开始分裂；分裂后的细胞大而壁厚，颜色鲜嫩，科学家称之为早期木；以后细胞生长减慢，壁更厚，体积缩小，颜色变深，这被称为后期木，树干里的深色年轮就是在后期木形成的。在这以后，树又进入冬季休眠时期，周而复始，循环不已。这样，许多种树的主干里便生成一圈又一圈深浅相间的环，每一环就是一年增长的部分。这种年轮在针叶树中最显著，在大多数温带落叶树中不明显，而许多热带树中则根本没有。

树是活档案，树干里的年轮就是记录。它不仅说明树木本身的年龄，还能说明每年的降水量和温度变化。年轮可能还记录了森林大火、早期霜冻以及从周围环境中吸取的化学成分。因此，只要我们知道了如何揭示树的秘密，它就会向我们诉说从它出世起，周围发生的大量事情。树可以告诉我们有文字记载以前发生过的事情，还可以告诉我们有关未来的事情。树中关于气象的记录可以帮助我们了解促使气象发生的那些自然力量，而这反过来又可帮助我们预测未来。

年轮应用到苗木种植中，如李树的种植，可以根据李树的苗木生长特性及每年的生长情况来实现苗木的造景需要，若今年苗木的新生枝条符合自己想要表达的造景要求则留枝条，若今年的新生枝条不符合苗木的造景要求则截枝，经过一定的时间来达到苗木自身造景的技术目的。

当然，除了树之外，动物也有年轮。科学家之前就发现，普通鱼类可以通过内耳中耳石上的生长轮来判断年龄，鲨鱼可通过脊柱上的环状生长轮来判断年龄，贝类可通过外壳上的生长轮来判断年龄。

但由于甲壳类动物缺乏永久性的生长结构，且像龙虾身上的类似年轮隐藏得非常深，因此之前一直无法准确判断甲壳类动物的年龄。之前人们认为，龙虾蜕皮的时候，它壳上长有生长带的钙化部分会随皮一同蜕掉。

加拿大纽布伦斯威克大学的拉乌夫·基拉达（Raouf Kilada）教授带领的团队通过对龙虾、雪蟹、北方虾和雕刻虾仔细对比研究发现：这一类物种的生长轮可以在它们连接身体与眼球部分的眼柄中找到。而在龙虾的胃磨中也发现了一种生长轮（甲壳类中十脚类的胃中，在胃壁上有3个像牙齿一样的结构，突出于胃腔内，基于肌肉的控制可将食物磨碎。这种咀嚼结构称为胃磨），科学家通过切开它的眼柄和胃磨并做成切片，在显微镜下观察它的生长轮。

知识小链接

年轮指鱼类等生长过程中在鳞片、耳石、鳃盖骨和脊椎骨等上面所形成的特殊排列的年周期环状轮圈，树木在一年内生长所产生的一个层，它出现在横断面上好像一个（或几个）轮，围绕着过去产生的同样的一些轮。鱼类中鳞片年轮指当年秋冬形成的窄带和次年春夏形成的宽带之间的分界线。

洋葱为什么让人流泪

这天，爸爸妈妈将爷爷奶奶从老家接来了，这可把星星高兴坏了，因为他有一个多月没看到他们了，所以星星一放学就直奔家里。

可是当星星到家之后，却发现在厨房做饭的奶奶正在用围裙擦眼睛，难道是哭了？

“奶奶，你怎么了，谁欺负你了？”星星赶紧问。

“没有没有，就是切洋葱了。我跟你爷爷都挺好的，谁会欺负我们，他出去下棋了，一会儿就回来，你爸妈也该下班了。”

“嗯，你切洋葱就会流泪，这是为什么呀？”

“这个我真不知道呢，你爸妈肯定懂，主要是你爷爷，他血脂高，医生说让他多吃点洋葱。”

生活中，我们不少人都喜欢吃洋葱，而且洋葱中的营养成分十分丰富，不仅富含钾、维生素C、叶酸、锌、硒及纤维质等营养素，更有两种特殊的营养物质——槲皮素和前列腺素

A。这两种特殊营养物质，令洋葱具有很多其他食物不可替代的健康功效。

然而，相信不少小朋友的父母在做饭时都会遇到这样的问题——一切洋葱，就会流泪。那么，这是为什么呢？

原来洋葱被切开时会释放出一种酶，叫作蒜胺酸酶。这种酶和洋葱中含硫的蒜氨基酸发生反应之后，蒜氨基酸转化成次磺酸。次磺酸分子重新排列后成为合丙烷硫醛和硫氧化物，这种化学物质接触到眼睛后，会刺激角膜上的游离神经末梢，引发泪腺流出泪水。

那么，对于洋葱，怎么处理才不流泪呢？

（1）在切洋葱前，把切菜刀在冷水中浸一会儿。

（2）将洋葱对半切开后，先泡一下凉水再切。

（3）放微波炉稍微叮一下，皮好去。

（4）将洋葱浸入热水中3分钟后再切。

（5）戴着泳镜切洋葱。

（6）屏住呼吸切，因为洋葱的味道是通过鼻子传到脑神经，才让眼睛流泪的。

（7）切洋葱时可以在砧板旁点支蜡烛减少洋葱的刺激气味。

（8）如果已经“泪流满面”，可打开冰箱冷冻柜，把头伸进去一下下（只要稍感到脸部凉凉的），就不会再流泪了！试试看吧！

知识小链接

洋葱，别名球葱、圆葱、玉葱、葱头、荷兰葱、皮牙子等，百合科、葱属二年生草本植物。洋葱含有前列腺素A，能降低外周血管阻力，降低血液黏度，可用于降低血压、提神醒脑、缓解压力、预防感冒。此外，洋葱还能清除人体内的氧自由基，增强新陈代谢能力，抗衰老，预防骨质疏松，是适合中老年人的保健食物。

阿司匹林为什么能促使植物开花

周六早上，秦老师来安安家里家访，安安给老师倒了茶，老师跟安安聊了会儿，但妈妈临时有事，说需要等10分钟才能到家。

安安便领着秦老师在家里参观。秦老师看到阳台上有一盆兰花。

“这盆兰花怎么成这样了？”秦老师问。

“我也不知道呢，这盆花还是去年爷爷拿来的，我爸爸妈妈都没时间，没人管，您看，都快不行了。”

“是啊，其实养花种草，还是要有时间有精力去照料，不然对花草也是一种辜负，对了，安安，你家里有阿司匹林没？”

“有啊，怎么了老师，您哪里不舒服？”

“不是，我没事，你把阿司匹林放兰花里，这盆花就有救了。”

“您说的是真的吗？阿司匹林不是药吗？怎么植物也

能用？”

“是啊，这是因为……”

随后，安安找来了阿司匹林，然后稀释成溶液，倒进了花盆里。不到三天，安安发现，老师的方式果然有用，这盆兰花奇迹般地又旺盛了起来。

那么，阿司匹林为什么能促使植物开花？

美国哈佛大学的克兰深入研究花开问题，他认为有一种激素在控制开花，而且可能存在于韧皮部。他让蚜虫去吸食韧皮液汁然后迅速取出，将其注入未开花的植株，结果植物很快开花。化学分析表明，这种花激素就是水杨酸，而水杨酸正是阿司匹林的水解物。把阿司匹林或水杨酸使用到兰花上，就迅速合成出三种新蛋白质，它们都具有抵抗病毒入侵的能力，并能

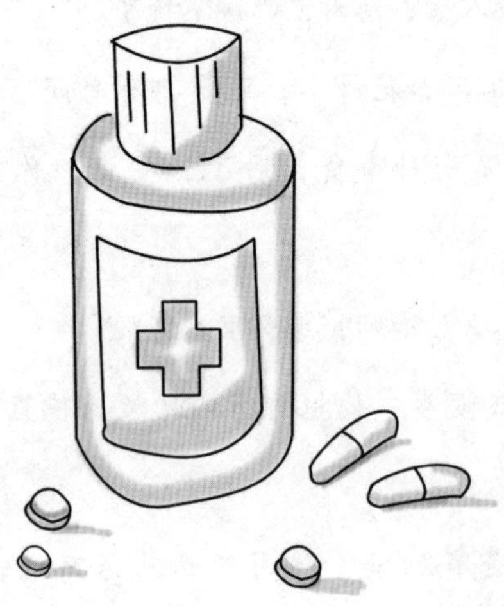

保护植物细胞水分不致流失、增强其免疫功能。因此，花激素作为农药还有巨大的应用潜力。

据报道，科学家发现，医用阿司匹林（乙酰水杨酸）能作用于植物的遗传基因，生成多种与植物抗病有关的蛋白质，以阻止病原物的入侵、扩散并杀死或抑制其生长，从而起到高效的保护作用。近几年，植物学家又惊奇地发现，阿司匹林能有效地保护植物叶片不失水分，从而满足其生长、开花、结果的需要，具有类似于健壮素、增产灵的功效。

科学家试验证明，阿司匹林确实是兰花的高效保护剂和显效促进剂。其具体用法因不同目的而异。

一、用于提高免疫力

（1）用阿司匹林1500倍液，每月喷浇一次，续两三次。用于治疗早期病毒病，可有效控制病情发展，防止下代新芽梢再现病毒病。

（2）用阿司匹林1500倍液，淋浇一次，能有效地控制白绢病、黑腐病、软腐病的蔓延。

（3）用阿司匹林1500倍液，每季喷浇一次，能有效地控制叶端背的沙斑病、黑斑病的蔓延，保护新芽梢不受感染。

（4）用阿司匹林1500倍液，每季喷浇一次，能保护健康兰株不遭受病原的侵染。

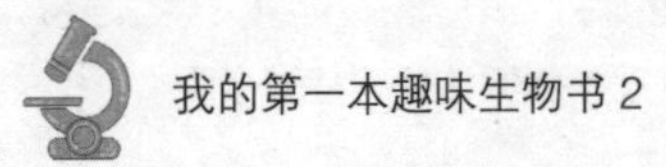

二、用于促生根、促发芽

（1）加入800倍液的磷酸二氢钾或其他促根剂，当作定根水浇灌。据试验，比对照组提前生根、发芽1个月，且新芽与根长出的时间仅三五天之差。

（2）将阿司匹林2000倍液做新上盆兰株的定根水，之后每周喷施一次，连喷2次。兰株可提前20天长根。

（3）用阿司匹林2000倍液浇根，每隔半月施用一次，连浇3次。可使原来烂根剪除，只剩下少量根的植株，早20天长出新根，而且根群壮旺，根体粗大，多长分根；也可使无根老鳞茎长出新“龙根”继而在这“龙根”上抽发新芽。

三、用于促进艺变

据试验，用阿司匹林1500倍液做定根水，之后半月一喷浇，连浇2次，不但可促其早出芽，而且可促进艺变。

知识小链接

20世纪70年代以来，阿司匹林这种退烧、止痛的常用药在农业上竟大显身手，假如我们把阿司匹林稀溶液喷洒到菜豆、玉米等作物上，其耐旱能力大为加强并加速开花而获得丰收。花瓶中即将枯萎的插花，如洒上少许阿司匹林溶液，花瓣又会生机盎然，未开的花苞受此药的作用将迅速开花。

植物也会有睡眠吗

星星是个“问题少年”，对于他不懂或者是感兴趣的问题，他总是问个没完没了。爸爸妈妈却认为，这是一种好的习惯，有问题才有了解和学习的动力，所以，不管星星问什么，只要他们懂得，都会悉心告诉他答案。

这天，星星看见邻居家奶奶的猫咪在楼道里眯着眼睛，以为它睡着了，就悄悄地走过去，谁知道，猫咪“噌”地逃开了。

回家后，星星立即就问：“妈妈，猫咪会睡觉对吧？”

“是啊，大部分动物都需要睡觉，睡觉就是休息。”

“那植物呢？植物睡不睡觉？”

“这个我还真不知道，应该不会吧。”

这时候，爸爸从房间走出来，然后说：“不对，植物也会睡觉的。植物睡觉叫睡眠运动，与动物和人类的睡觉并不一样。”

的确，我们每个人，包括每个动物都必须睡觉，那么植物呢？植物会睡觉吗？

植物睡眠在植物生理学中被称为睡眠运动，它不仅是一种有趣的自然现象，而且是个科学之谜。每逢晴朗的夜晚，我们只要细心观察，就会发现一些植物已发生了奇妙的变化。例如常见的合欢树，它的叶子由许多小羽片组合而成，在白天舒展而又平坦，一到夜幕降临，那无数小羽片就成双成对地折合关闭，好像被手碰过的含羞草。有时，我们在野外还可以看到一种开紫色小花、长着3片小叶的红三叶草，白天有阳光时，每个叶柄上的叶子都舒展在空中，但到了傍晚，3片小叶就闭合起来，垂着头准备睡觉。花生也是一种爱睡觉的植物，它的叶子从傍晚开始，便慢慢地向上关闭，表示要睡觉了。

以上所举实例仅是一些常见的例子。事实上，会睡觉的植物还有很多很多，如醉浆草、白屈菜、羊角豆等。

不仅植物的叶子有睡眠要求，就连娇柔艳丽的花朵也需要睡眠。生长在水面的睡莲花，每当旭日东升之时，它那美丽的花瓣就慢慢舒展开来，似乎刚从梦境中苏醒，而当夕阳西下时，它又闭拢花瓣，重新进入睡眠状态。由于它这种“昼醒晚睡”的规律性特别明显，故而得此“睡莲”芳名。各种各样的花儿，睡眠的姿态也各不相同。蒲公英在入睡时，所有的花瓣都向上竖起闭合，看上去像一个黄色的鸡毛帚。胡萝卜的花则

垂下来，像正在打瞌睡的小老头。

睡眠对植物有很大好处，如落花生和三叶草进入梦乡后，叶子在夜间静静地闭合起来，这样就可以减少热量的散失，也防止了水分的蒸发，起到保存能量、保湿的作用。睡莲的花蕊非常娇嫩，睡莲花瓣在夜间闭合起来，就可以使自己的花蕊免受冻伤之害。所以，睡眠对于植物来说，实质上是为了适应周围环境中的光线、温度和湿度，使自己平安健康地生长发育而在长时间生长过程中形成的保护性运动。

知识小链接

植物在无休止地做着能量代谢与交替循环，植物在白天靠光合作用、夜晚靠呼吸作用。如果要用睡觉来形容植物，就要称它们是在休眠。多数阔叶植物在冬天休眠，真叶植物不休眠，只是在气温降低时减缓自身的代谢速度以减少能量散失。

世界上种子最大和最小的植物是什么

自从秦老师来过家里以后，安安开始关注家里盆景花草的生长状况，并且开始抽时间打理阳台了。

这不，春天到了，安安和妈妈买了一些种子，又在外面铲了一些土回来，她们的“春耕”活动就这样开始了。

妈妈负责拌营养土，安安负责泡种子，母女俩忙得不亦乐乎。

安安突然想到一个问题：“妈妈，你说植物的种子是不是有大有小？”

“这肯定呀。”

“那最大的种子和最小的种子分别是什么呢？又是什么样子的呢？”

“我还真不知道，这个估计得搜一下百度。呐，手机在那边，你洗洗手查查，我也想知道呢。”

我们都知道，我们把种子放进土壤里，对其行施肥、培育，种子就会发芽、长出幼苗。那么，你知道世界上最大的和

最小的种子的植物是什么吗？

我们先来看第一个问题：

在非洲东部印度洋的小岛上，有个叫塞舌尔的国家，风光秀美。在岛上，热带植物郁郁葱葱，种类繁多，但如果你第一次光顾这个国家，吸引你的一定是身躯高大的复椰子树。它高15~20m，直径30cm，树干笔直，树叶宽2m，长竟达7m。最有趣的是它的种子是世界上迄今为止发现的最大的，直径约50cm。从远处望去，它就好像是吊在树上的大箩筐。每个“箩筐”最小都有10多斤，最大的有30斤，的确是世界上最大的种子。所以，复椰子树又称为大实椰子树。

从外形来看，复椰子树与大白桦树的个头差不多，可它们的种子大小和重量却完全不同，大白桦树的种子很轻，即便有200棵白桦树的种子，总共只不过1kg。两种树木种子的重量竟相差3000万倍。

那么，种子最小的植物又是什么呢？

我们在生活中提到某个东西“小”时，常说“芝麻绿豆大”。那么，我们就来以芝麻做参照对象，1kg芝麻竟有25万粒之多。但是，芝麻的种子绝对不是最小的种子，例如，5万粒四季海棠的种子只有0.25g，同样数量的烟草只有7g重。当然，最小的种子绝对让你更意外。有一种植物叫斑叶兰，它的种子小

得简直如灰尘一样，5万粒种子只有0.025g重，1亿粒斑叶兰种子才50g重。人们至今还没有发现比这更小的种子。

斑叶兰：植株高15~35cm。根状茎伸长，茎状，匍匐，具节。茎直立，绿色，具4~6枚叶。叶片卵形或卵状披针形，上面绿色，具白色不规则的点状斑纹，背面淡绿色，具柄。花茎直立，总状花序具几朵至20余朵疏生近偏向一侧的花；长8~20cm；花较小，白色或带粉红色，半张开；萼片背面被柔毛，具1脉；花瓣菱状倒披针形，无毛，长7~10mm，宽2.5~3mm，先端钝或稍尖，具1脉；唇瓣卵形。花期8—10月。

斑叶兰生长于海拔500~2800m的山坡或沟谷阔叶林下。分布于中国、尼泊尔、不丹、锡金、印度、越南、泰国、朝鲜半岛南部、日本、印度尼西亚。此花有栽培，以全草入药。夏秋

采挖，鲜用或洗净晒干。

斑叶兰种子极小，结构也很简单，种子只有一层薄薄的种皮和少数供自己生长、发育需要的养料，所以它们的生命力不强，极其容易夭折，但是正因为它的种子小、轻，所以它们随风飘扬、随处播种，种子又多，所以总是能看到它们的身影。

知识小链接

对复椰子树而言，出名实在不是一件好事。它的巨型种子（地球上最大的植物种子）一直是旅游者寻觅的宝物。由于复椰子树种子形状奇特，体积庞大（重达20kg，直径30cm）有些人将它用作容器，如今复椰子树已濒临灭绝。

藕断为什么会丝连

天气热起来了，又到了吃凉菜的季节。这不，小飞一回家，就看到妈妈在厨房切藕了。

“妈妈，晚上吃凉拌藕片吗？”

“是的。”

“欧耶，我最爱吃了。”

“去吧，洗洗手就吃饭了。”

“等下，藕中间这丝丝儿是什么啊？这就是传说中的‘藕断丝连’吗？”小飞问。

“是啊，这些丝其实是藕的营养成分的输送管……”

谈到荷，自然就要提到藕。荷属睡莲科，是多年生草本植物，种植在浅水塘中。其茎生于淤泥中，变态为根状茎，也称莲藕。藕横长在泥中，靠基茎节上的须状根吸取养分。由于藕肉质肥厚，脆嫩微甜，含有大量的淀粉，营养丰富，所以自古以来就是人们喜爱的食品。

当我们折断藕时，可以观察到无数条长长的白色藕丝在断

藕之间连着。为什么会有这种藕断丝连的现象呢?

要想弄清楚为什么藕断了，丝还会连着，首先要弄明白的就是植物的结构。

植物的生长离不开水的滋养，但植物既没有手，也没有脚，它们靠什么运送水呢?植物内部有专门运输水分和养料的组织，其中专司运水的就是导管。这些导管一般都是空心的，延伸至植物的各个部分，为它们的生长及时送去充足的水分。不管是什么植物，体内都有运输水分的导管，这些导管有的为了配合植物生长的环境，都各自在合适的地方进行增厚。但是每种植物增厚的部位又是不一样的，所以植物导管的形状也各不相同，有的导管像阶梯一样，有的导管像圆环一样，还有的导管成发散的网状，而藕的导管更加奇特，是螺旋状的，在显微镜下看这些导管，就像弹簧一样。当我们把藕掰断的时候，

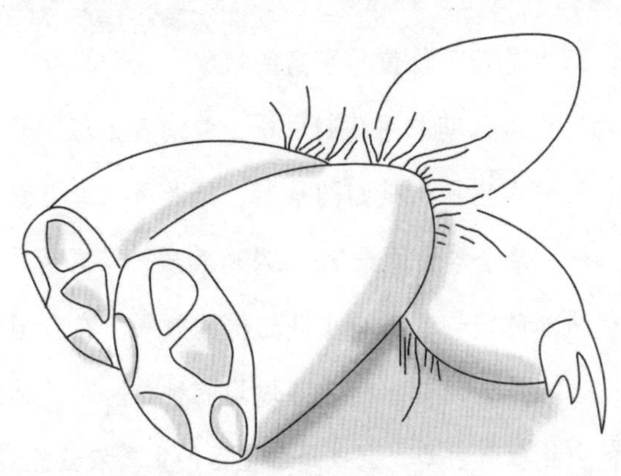

藕的主体是断开了，但是这些导管就像弹簧被拉长一样，并没有立即断裂，而是变成一根根粘连的“细丝”。其实并不是只有藕有这样“藕断丝连”的组织细胞，荷梗里的螺旋状导管比藕里面的多得多，如果把荷梗掰断，就可以清楚地看见一排可爱的小“绿灯笼”整齐地连在断裂的荷梗中间。总而言之，植物依靠导管来运输水分，但是不同的植物有着不同的导管，不同的结构导致这些植物呈现五花八门的特性。而藕之所以会“藕断丝连”也是因其有奇特的螺旋形导管。

细密缠绵的藕丝，很早就引起了古人的注意。唐朝孟郊的《去妇》诗中就有“妾心藕中丝，虽断犹连牵”之句。后来，人们就用“藕断丝连”的成语来比喻关系虽断，情丝犹连。

知识小链接

藕，属莲科植物。藕微甜而脆，可生食也可煮食，是常用餐菜之一。藕也是药用价值相当高的植物，它的根叶、花须果实皆是宝，都可滋补入药。用藕制成粉，能消食止泻、开胃清热、滋补养性、预防内出血，是妇孺童妪、体弱多病者上好的流质食品和滋补佳珍。藕含丰富的维他命C及矿物质，具有药效，有益于心脏，有促进新陈代谢、防止皮肤粗糙的效果。在我国的江苏、安徽、湖北、山东、河南、河北等地均有种植。藕又称莲藕，因其地下茎色白故也名白茎，它也是种植区的重要农业经济作物。

为什么花儿有好多种颜色

芳芳和兰兰在“研究”完年轮的问题后，开始“归入”大部队，与大家一起赏花。

芳芳告诉大家：“我们过去那边吧，好像那边花更多。”大家一起走了过去。

“天哪，这么多，好多是我没见过的。”另外一个学生说。

“老师，这些都是什么品种啊？”

“左边这些是郁金香，右边是蝴蝶兰，再往前是杜鹃。”

“每种花都有好多种颜色呢，你看杜鹃，粉的、粉紫的、红的，真是看花眼了。”兰兰说。

“是啊，这就是鬼斧神工的大自然啊，造就了万紫千红的花。”

“那花儿为什么有这么多种颜色呢？”一个学生问。

这里，花儿之所以会有红、黄、蓝、紫、白等各种颜色，是因为含有花青素、花黄素、类胡萝卜素等物质的缘故。

花青素可在酸性溶液中变成红色；在碱性溶液中呈蓝色；在中性溶液中呈紫色。无色花青素使花呈白色。根据这个原理，我们对茶花、杜鹃、蟹爪兰、菊花等做了试验，取得满意的效果，并培育了新的品种。让花变红的方法是：酸土变红色用粉牡丹杜鹃和深桃宝珠茶花做试验，在pH6的土壤中花色呈粉色。把它们栽在pH4~4.2的微酸性土壤中，花色加深变成浅红或橙红、玫瑰红。因为酸性土壤，使花青素起了变化。

酸液变红色的方法是：在花前喷布350~400倍的食醋液，即在9月、10月、12月、1月、2月各喷布一次，能使花青素起变化，粉色的花变成红色、大红、橘红、玫瑰红。粉色变红色的方法是：在花前喷布400倍的磷酸二氢钾液，即在8月、9月、11月和2月的下旬各喷一次，可使粉色杜鹃、茶花变成玫瑰色或浅红色。在土壤中少施一点过磷酸钙和硝酸磷，也能使花色加深。让花变紫的方法是：土壤变紫法，即把白色的茶花或菊花、粉色的杜鹃，栽在中性土壤中，花青素就起变化，花色就会出现紫色。粉色的茶花瓣也会出现藕色或紫色。阳光照耀变紫法，即把白色的菊花放在阳光下，日光照8~10小时，白色可变成紫色，或白中串紫色，或红紫色。白色的大丽花，在阳光下，也可出现红色或紫色。白色的赤龙卧雪杜鹃花，可以通过光照变成紫色。每天光照8小时以上，红条加宽，能出现紫条斑

的变种。

让花变黄的方法是：类胡萝卜素使花呈黄色。粉红色的茶花、杜鹃，通过处理可以出现橙黄、橘黄色。把胡萝卜煮熟，放在水中沤制20~30天，充分腐烂腐熟，加水25~30倍，浇在花盆内。每月浇一次，连浇5~8次，花色就可以变成橘黄、橘红。

让花变蓝的方法是：白色的杜鹃，用茶叶水经常浇，可出现蓝色花瓣或蓝条变种。

知识小链接

在自然界里，任何一种现象都有物质上的原因，花的颜色也不例外。对于那些红色、黄色和橙色的花，它们的花瓣里含有一种叫作“类胡萝卜素”的物质。类胡萝卜素有60多种。对于那些紫色、蓝色的花，它们的花瓣里含有一种叫作“花青素”的物质。它是一种有机色素，会随着环境的温度、酸碱度的变化而变化。

第4章

鸟类拾趣，探索自由物种的奇闻趣事

生活中，我们每个人都羡慕在蓝天自由自在飞翔的鸟儿，然而，这些鸟儿离我们并不遥远，甚至随处可见，如鹦鹉、啄木鸟、喜鹊、大雁等。那么，这些鸟的生活习性是怎样的呢？它们又有什么与众不同的地方呢？……这些疑问，我们都能从下面这一章中找到答案。

鹦鹉为什么能学舌

周末这天，星星和爸爸妈妈一起回爷爷奶奶家吃饭。一进门，星星就发现爷爷多了个新的“伙伴”——一只鹦鹉，而且这只鹦鹉很有趣，总是学人家说话。星星说“你好”，它也说“你好”，星星说“我爱爷爷”，鹦鹉也说“我爱爷爷”。星星被鹦鹉逗乐了，就问爷爷：“爷爷，你什么时候买的这只鹦鹉呢？”

“上个月跟你奶奶去市场上买的，最近我们小区老年人群开始流行遛鸟了，我看其他的鸟我也不是很喜欢，就买只鹦鹉吧。”

“嗯，鹦鹉真的太有趣了，还会说人类的话，不过爷爷，鹦鹉为什么有这样的‘特异功能’呢？”

我们人类都有自己的语言，不同的国家，有不同的语言形式。其实在动物界，也有会说人话的——鹦鹉，鹦鹉学舌这一成语也就是这个意思，那么，鹦鹉为什么具有学舌的本领呢？原来这与它生有特殊结构的鸣管和舌头有关。

鹦鹉的发声器官——鸣管比较发达和完善，有四五对鸣肌，在神经系统控制下，鸣管中的半月膜收缩或松弛，回旋振动发出鸣声。鹦鹉的发声器的上、下长度及与体轴构成的夹角均与人的相似。人的发声器从喉门的声带开始，直到舌端为止，其前后总长度约有20cm，与体轴形成的角度呈直角。部分大、中型鹦鹉的鸣管到舌端的总长约为15cm，与体轴形成的角度也近似直角。其他哺乳动物的发声器与体轴则不能形成直角，而是呈钝角，喉头部与气管形成的屈度较平坦。发声器与体轴成直角，形成了有折节的腔，从而可以发出分节性的音，这种发声的分节化就是语言音和发展语言音的基础。

它的舌根非常发达，舌头富于肉质，特别圆滑，肥厚柔软，前端细长呈月形，犹如人舌，转动灵活。由于这些优越的生理条件，因此鹦鹉能惟妙惟肖地模仿人语，发出一些简单、准确、清晰的音节。在鸟类学话前，对它们施行小手术，如用剪刀将舌内的舌骨剪断，或进行捻舌等，这样，可以使鸟类学些较为复杂的语言。

人们对鹦鹉最为钟爱的技能当属效仿人言。事实上，它们的“口技”在鸟类中的确是十分超群的。这是一种条件反射、机械模仿。这种仿效行为在科学上也叫效鸣。由于鸟类没有发达的大脑皮层，因而它们没有思想和意识，不可能懂得人类语

言的含义。在英国曾经举行过一次别开生面的鹦鹉学话比赛，其中一只不起眼的非洲灰鹦鹉得了冠军，当时揭开装有这只鹦鹉的鸟笼罩时，灰鹦鹉瞧了瞧四周道：“哇噻！这儿为什么会有这么多的鹦鹉！”全场轰动。几天后，兴奋的主人请了许多贵宾到家中庆贺，笼罩一打开：“哇噻！这儿为什么会有这么多的鹦鹉！”全场哗然。一心想自己聪明的鹦鹉会说：“哇噻！这儿为什么会有这么多的贵客！”而博得大家喝彩的主人十分狼狈。由此可见，鹦鹉学话不过是一种条件反射，并且词汇量也有限。“鹦鹉学舌”在人们的生活中引起的小故事，为人们茶余饭后增添了许多谈资和笑料。

知识小链接

鹦鹉的耐热程度远远比人要高，它们虽然可以耐热，但不能耐潮，很多爱鸟的朋友都在家中养着鹦鹉。这种鸟类并不像猫犬那样怕热，但是它们最怕的就是潮湿。像夏天到秋天，阴雨连绵，这样的天气对于鹦鹉来说真是糟糕透顶。如果空气闷热，氧分子减少，鹦鹉的身体会感到极度的不适应，在这个时候，主人最好开启空调，对室内空气进行降温除湿，同时不要把鹦鹉放在空气不流通的阳台上。如果是冬天，尽可能让鹦鹉待在没有空气加湿器的屋子里，以防受潮生病。暖气倒不会对鹦鹉造成任何威胁。在它看来，潮比热更可怕。

大雁为什么冬天往南飞

春天到了，万物复苏，孩子们也喜欢户外运动了。

这天，星星找了几个同学在小区后面的球场上踢球。十几分钟后，几个人一头大汗，直接躺在球场上休息起来，大家看着天空，有着各自的想法。

过了会儿，星星突然看到一群大雁。

“你们看，大雁！”星星惊奇地说。

“是啊，春天来了，它们又回来了啊。”

“是啊，这就是候鸟，怕冷，冬天就飞到南方去了。”一个同学说。

“候鸟？这么生僻的词你都知道啊？可是为什么其他鸟不怕冷呢？”星星很好奇。

大雁是出色的空中旅行家。每当秋冬季节，它们就从老家西伯利亚一带，成群结队、浩浩荡荡地飞到我国的南方过冬。第二年春天，它们经过长途旅行，再回到西伯利亚产蛋繁殖。大雁的飞行速度很快，每小时能飞68 ~ 90km，几千公里的漫长旅途得飞上一两个月。

在长途旅行中，雁群的队伍组织得十分严密，它们常常排成“人”字形或“一”字形，它们一边飞着，一边不断发出“嘎、嘎”的叫声。大雁的这种叫声起到互相照顾、呼唤、起飞和停歇等信号作用。

大雁飞行是总排成“人”字形或“一”字形，那么，这又是为什么呢?

原来，这种队形在飞行时可以省力。最前面的大雁拍打几下翅膀，会产生一股上升气流，后面的雁紧紧跟着，可以利用这股气流，飞得更快、更省力。这样，一只跟着一只，大雁群自然排成整齐的“人”字形或“一”字形。

另外，大雁排成整齐的“人”字形或“一”字形，也是一种集群本能的表现。因为这样有利于防御敌害。雁群总是由有经验的老雁当“队长”，飞在队伍的前面。在飞行中，带队的大雁体力消耗得很厉害，因而它常与别的大雁交换位置。幼鸟和体弱的鸟，大都插在队伍的中间。停歇在水边找食水草时，总由一只有经验的老雁担任哨兵。如果孤雁南飞，就有被敌害吃掉的危险。

科学家发现，大雁排队飞行，可以减少后边大雁的空气阻力。这启发运动员在长跑比赛时，要紧随在领头队员的后面。

其实，除了大雁外，人们也开始对其他候鸟进行跟踪观察，结果发现不管是做过长途迁徙的老鸟，还是当年出生的新一代，它们迁徙时都一定依循过去的路线，绝不会白花时间在空中盘旋另找新途径。同时，它们的迁徙飞行，如果不是因为遇上气流的冲击和其他的干扰，总是面向目的地做直线飞行的。那么，它们是怎样认识飞行路线的呢？

有人会提出这样的问题：候鸟是否和有些动物一样，有识别和记忆路途的能力？但有些生物学家认为，候鸟在迁徙中能面向目的地做直线飞行和对路途的认识，同遗传的本能有关系。这种本能是候鸟经历几万年的飞行，祖祖辈辈从求生中积累下来的，并形成牢固的潜在意识，一代一代地传给它们的儿女。为了进一步弄清候鸟只靠天赋的本领而迁徙的这个谜，近代科学家制出一种新的仪器进行跟踪观察。他们将微型摄影机用树胶溶液粘在鸟的羽茎上，并装上微型胶卷。当鸟儿展翅高飞时，相机的快门便打开，做连续的拍摄；鸟儿歇息时，快门会自动关闭。这样，就会得出详尽的飞行记录了，候鸟迁徙的谜底也将被彻底揭开。

知识小链接

孩童时代，我们都知道秋冬时节大雁要往南飞，大雁其实是一种候鸟，候鸟就是一种会随季节更替而迁徙的鸟类。到了秋天，候鸟会飞往南方气候适宜的地方，春天又成群结队飞回北方产卵繁殖后代。除了大雁外，候鸟还有仙鹤、燕子等，在没有外界因素打扰的情况下，它们的栖息地一般不改变。

雄鸟为什么比雌鸟美

这天，放学回家的路上，亮亮和小飞两个人在吹牛。

亮亮说："我记忆力惊人，我看过的电视剧，你只要说得出名字，我就知道男女主角。"

小飞说："那算什么，你说北京的任何一条路，我就知道那里的公园名字。"

亮亮说："那才不算什么，你说哪个公园名字，我都知道公园里的鸟名儿。"

小飞说："我比你更厉害，你说哪个公园里的鸟，我都知道是雌是雄。"

亮亮："你看，咱能别吹牛吗？再吹下去，我们都别回家了，直接飞上天得了。"

小飞："前面的话是吹牛，后面这个真不是，雌鸟雄鸟又不难区分。"

亮亮："那你说说怎么区分？"

小飞："很简单啊，雄鸟比雌鸟更漂亮呢！"

亮亮："怎么可能，女性普遍比男性漂亮，鸟类就不一样吗？"

小飞："当然了，不信你可以问问我们老师，或者回家查查资料就知道了。"

这里，小飞说的确实是事实——雄鸟比雌鸟更美。世界上的禽鸟和人类一样也爱美，它们都身披一件羽毛外衣，可是雄鸟和雌鸟的外衣却大不一样：雄的大多五彩缤纷、鲜艳夺目，雌的则千篇一律、黯淡无光。以孔雀为例，雄孔雀的羽毛华丽珍贵，无与伦比，被称为"天使的羽毛"；可是雌孔雀的羽毛却矮小黯淡，相形见绌。雄性太阳鸟的羽衣色彩斑斓，闪耀着金属般的光泽；而雌鸟，如不根据它的嘴辨认，也许会误认为是另一种小鸟。为什么雄鸟比雌鸟美丽呢？

鸟类大多奉行"一夫多妻"制，雄鸟身披艳丽的羽衣，可以向雌鸟炫耀、求爱，赢得更多的配偶。一旦交配完毕，它便飞离鸟巢，另觅新欢。由于没有固定的巢穴，雄鸟遭敌害袭击的可能性就比较小。在"一夫一妻"制的鸟类中，营巢、孵卵和育雏的重任大多也落在雌鸟身上，雄鸟充其量也只是个配角。即使是钟情于自己伴侣的雄犀鸟，在雌犀鸟孵卵期间也从不待在窝里，而是到处奔波觅食，以便养家糊口。它那多彩的羽衣，与花果累累的取食环境是十分协调的。雌鸟长时间在窝

里孵卵，灰暗的体色与鸟巢和周围环境十分相似，这样就不容易被敌害发现了。在鸟类王国中，有没有例外呢？相思鸟是“夫妻”共同孵卵的，它们轮流交替坐窝，因而羽色也就相差无几了。最特殊的要数彩鹬了。雌鸟身披“五彩衣”，光彩照人，雄鸟却黯淡无光。究其原因，彩鹬实行的是“一妻多夫”制。雌鸟在交配产卵后使离巢出走，另找伴侣。雄鸟负责筑巢、孵卵和育雏，忙得不亦乐乎。由此看来，鸟类的羽毛颜色，与求偶、繁殖、孵卵和育雏密切相关，这是长期适应环境的结果。

当然，在鸟类王国中也有例外。生活在亚洲南部的相思鸟，白天，雄鸟和雌鸟一起在蓝天飞翔；晚上，它们各立一脚，依偎在一起。繁殖季节，它们轮流坐窝，共同孵卵。因而，雌鸟和雄鸟的羽毛色彩比较接近。

知识小链接

动物学家认为，漂亮的羽毛和悦耳的歌声一样，是雄鸟吸引雌鸟的常用手段。由于许多鸟类都有“一夫多妻”的现象，当雄鸟具备了艳丽动人的外表，就有可能赢得更多的“爱人”。

在绝大多数的鸟类中，一般由雌鸟承担孵卵和育雏的任务。由于雌鸟孵卵时要长时间待在鸟巢中，灰暗的羽毛与周围环境很相似，就不容易暴露，有利于保护自己安心地哺育幼鸟。

鸟类为什么站着睡觉

这周末，星星又来爷爷家了，因为他想看看鹦鹉，鹦鹉学舌的样子太逗了。

到了晚上，鹦鹉终于累了，然后悄悄地睡了。然而，星星发现，鹦鹉居然站着睡觉，他赶紧跑过去问爷爷："爷爷，爷爷，鹦鹉好奇怪，站着睡觉呢，它不会倒下吗？"

"不会呀，这是鸟类独特的休息方式。"

"那是为什么呢？"

"因为鸟类和我们人类不一样，我们需要进入深度睡眠才算是真的休息，而鸟类只是进入了'安静'的状态而已，这样有助于保持警觉状态，随时应对外界的危险因素，而且鸟类的腿脚结构很特殊……"

的确，人类习惯于躺着睡觉，即便在某些特殊情况下能坐着入睡，但也总是睡得东倒西歪。不过鸟却大都是以双足紧扣树枝的方式"坐"在数米高的树上睡觉的，却从不会跌落下来。这是为什么？

据德通社报道，来自德国马普学会慕尼黑鸟类研究所的科学家日前揭开了这一谜底。鸟类学家京特·鲍尔解释说，他与同事们研究发现，人类和鸟类的肌肉作用方式有很大的区别，而在进行“抓”这一动作时，更是完全相反。

鲍尔说，两者相比较，人类是去主动地抓，而鸟儿却是被动地抓。“当我们人类想要抓住什么东西的时候，需要用力使肌肉紧张起来；而鸟儿只有用力使肌肉紧张起来，才能松开所抓住的物体。”也就是说，当鸟儿飞抵树枝时，其爪子的相关肌肉呈紧张状态；而当它“坐”稳之后，肌肉松弛下来，爪子就自然地抓住了树枝。

鲍尔介绍说，不同的鸟类睡眠时间也大不相同，“鸫属的鸟基本只睡1~3个小时，而啄木鸟等穴洞孵卵鸟类则大约要睡

6个小时，是睡得最长的鸟类”。科学家另外指出，同人类相比，鸟儿没有“深度睡眠”这一睡眠阶段，它们大多只是进入一种“安静的状态”而已，因为它们必须随时警惕可能出现的天敌，及时地飞走逃生。

更令人惊奇的是，人类似乎可以向鸟儿施行催眠术，让它按照你的意思睡觉。

如果你想验证一下，可以凑近鸟笼，把你的眼睛眯起来像一双催眠师的眼睛，也就是做出一副困倦不堪的样子，“眼睛越来越沉重”（别讲话），仿佛就要入睡。这时，你的小鸟便会跟着你入睡：提起一只脚贴在腹部下，把头蜷缩在翅膀下，很快就睡着了。

知识小链接

鸟类腿脚上的肌腱长得十分巧妙。从大腿肌长出的屈肌腱向下延伸，经过膝，再至脚，绕过踝关节，直达各个趾爪的下面。肌腱长成这个样子就意味着，鸟在休息时，身体放松，身体的重量使它自然屈膝蹲下，拉紧肌腱，于是趾爪收拢，紧抓住树枝。

鸟的这种腿脚结构显然十分有效，死去多时的鸟，甚至仍然可以用爪紧抓住树枝而不掉下来。

不会飞的鸟——笨重的鸵鸟

又到了天天爱看的《动物世界》节目，天天对于动物的了解都来源于这一节目，有些动物是日常生活中常见的，有些是他从来都没听说过的。今天的节目所阐述的是鸵鸟。

节目场景是：鸵鸟在非洲大草原上悠闲自在地行走着，自始至终，天天也没有看到它翱翔天际，对此，天天很奇怪，他问妈妈："鸵鸟为什么不飞呢？"

"因为它太重了啊，它是世界上唯一不会飞的鸟类。"

"那为什么叫鸟类呢？好奇怪！"

"它只能被划归为鸟类呀。"

鸟类自从侏罗纪开始出现以来，到白垩纪已经做了广大的辐射适应，演化出各式各样的水鸟及陆鸟，以适应各种不同的环境。进入新生代以后，由于陆上的恐龙绝灭，哺乳类尚未发展成大型动物以前，其生态地位多由鸟类所取代，如北美洲始新世的营穴鸟，为巨大而不能飞的食肉性鸟类，填补了食肉兽的真空状态；恐鸟是南美洲中新世的大型食肉鸟，不会飞行，也填补了当时南美洲缺乏食肉兽的空缺。

其实鸵鸟的祖先也是一种会飞的鸟类，那么它是怎么变成今天的模样的呢？这与它的生活环境有着非常密切的关系。鸵鸟是一种原始的残存鸟类，它代表着在开阔草原和荒漠环境中动物逐渐向高大与善跑方向发展的一种进化方向。与此同时，飞行能力逐渐减弱直至丧失。非洲鸵鸟的奔跑能力是十分惊人的。它的足趾因适于奔跑而趋向减少，是世界上唯一只有两个脚趾的鸟类，而且外脚趾较小，内脚趾特别发达。它跳跃可腾空2.5m，一步可跨越8m，冲刺速度在每小时70km以上。同时粗壮的双腿还是非洲鸵鸟的主要防卫武器，甚至可以置狮、豹于

死地。

鸵鸟是现存体形最大的鸟类，体重有100多千克，身高达2米多。要把这么沉的身体升到空中，确实是一件难事，因此鸵鸟的庞大身躯是阻碍它飞翔的一个原因。

鸵鸟的飞翔器官与其他鸟类不同，是它不能飞翔的另一个原因。鸟类的飞翔器官主要有由前肢变成的翅膀、羽毛等，羽毛中真正有飞翔功能的是飞羽和尾羽，飞羽是长在翅膀上的，尾羽长在尾部，这种羽毛由许多细长的羽枝构成，各羽枝又密生着成排的羽小枝，羽小枝上有钩，把各羽枝钩结起来，形成羽片，羽片扇动空气而使鸟类腾空飞起。生在尾部的尾羽也可由羽钩连成羽片，在飞翔中起到舵的作用。

为了使鸟类的飞翔器官能保持正常功能，它们还有一个尾脂腺，用它分泌油质以保护羽毛不变形。能飞的鸟类羽毛着生在体表的方式也很有讲究，一般分羽区和裸区，即体表的有些区域分布羽毛，有些区域不生羽毛，这种羽毛的着生方式，有利于剧烈的飞翔运动。鸵鸟的羽毛既无飞羽也无尾羽，更无羽毛保养器——尾脂腺，羽毛着生方式为平均分布体表，无羽区与裸区之分，它的飞翔器官高度退化，想要飞起来就无从谈起了。

自然法则是无情的，只能适应而不可抗拒。如果鸵鸟的老祖宗硬撑着在空空荡荡的沙漠上空飞翔，而不愿脚踏实地在沙漠上找些可吃的食物，可能早就灭绝了。退一步讲，如果大自然最早把鸵鸟的老祖宗落户在树林里而不是沙漠上，鸵鸟也许不会成为不会飞的鸟类，但也许它也不会被称为鸵鸟了。

此外，还有几种不会飞的鸟类常被归为走禽类，在各岛屿或特殊地区，填补了缺乏哺乳类的空位，有名的例子包括新西兰的恐鸟、澳洲的奔鸟和马达加斯加岛的象鸟，不幸的是它们都在人类出现后绝灭。不过还有一些较幸运的走禽，如非洲的鸵鸟、澳洲的鸸鹋和食火鸡、新西兰的几维鸟，以及南美洲的鶆，迄今仍幸存。

这些走禽的最大共同特征是胸骨扁平，不具龙骨突起；然而，在此飞行能力逐渐消失的演化过程中，飞行用的强健胸肌以及其附着的部位变得不再需要。不过，这些走禽是否都有相近的血缘关系，仍有待足够的化石证据来探求。

知识小链接

非洲鸵鸟属鸵形目鸵鸟科，是世界上最大的一种鸟类，成鸟身高可达2.5m，雄鸵鸟体重可达150kg。像蛇一样细长的脖颈上支撑着一个很小的头部，上面有一张短而扁平的、由数片角质鞘所组成的三角形的嘴，主要特点是龙骨突不发达，不能飞行，也是世界上现存鸟类中唯一的二趾鸟类，在它双脚的每个大脚趾上都长有长约7cm的危险趾甲，后肢粗壮有力，适于奔走。

啄木鸟不会头晕吗

今天，小兵用爸爸的账号登录了某论坛，并发了个帖子，内容大致是：

今天看片子，有个场景是啄木鸟不停地啄树，坐在我旁边的朋友突然问我："它不停地啄，就不会觉得头晕吗？"这句话虽然雷到我了，但是我确实也不知道答案，所以跪求各位告诉我正确答案，感谢感谢。

晚上，爸爸翻看论坛时，发现了儿子的帖子，他对儿子说："其实这个问题很简单啊，你怎么不问我呢？"

小兵笑了笑说："因为不好意思嘛……"

科学家们发现，啄木鸟一天可发出500 ~ 600次的敲木声。让人不可思议的是，它啄木的频率达到每秒15~16次，每一次敲击的速度可达每秒555m，这比空气的传播速度要快1.4倍。这样推算，啄木鸟头部运动的速度更为惊人，头部摆动速度相当于每小时2092km，比子弹出膛时的速度快1倍多，它头部所受的冲击力等于所受重力的1000倍。比时速55km的汽车快37倍，如一辆时速为50km的汽车撞在一堵墙上所受到的冲击力仅为重力的10倍，但车头及砖墙却被撞得粉碎。

或许有人担心起来，啄木鸟头部受到如此大的冲力，头部能不能被撞坏而患脑震荡呢？对此，1979年加利福尼亚的美国科学家May等人训练了一只啄木鸟，并用2000每秒帧的高速摄像机摄像记录。

其结果是，啄木鸟头部的最大速度达到7毫秒，击中树木后在短短0.5毫秒内减速至零，其向前运动的时间是每次8～25毫秒。减速时承受的加速度达到1500g，也就是说，在这短短0.5毫秒中承受1500倍重力加速度。啄木鸟是怎样在这样的条件下还能保证头部不受损伤呢？

原来，啄木鸟的头骨十分坚固，由骨密质和骨松质组成，其大脑周围有一层绵状骨骼，内含液体，对外力能起缓冲和消震作用，它的脑壳周围还长满了具有减震作用的肌肉，能把喙尖和头部始终保持在一条直线上，使其在啄木时头部严格地进行直线运

动。假如啄木鸟在啄木时头稍微一歪，这个旋转动作加上啄木的冲击力，就会把它的脑子震坏。正因为啄木鸟的喙尖和头部始终保持在一条直线上，因此，尽管它每天啄木不止，也能常年承受得起强大的震动力。

啄木鸟的大脑和头骨之间存在小小的硬脑膜，这样就不会像人类一样发生脑震荡。而且它们的大脑上下尺寸长于前后的尺寸，这就意味着作用在头骨上的力量被更好地分散了。

科学家通过研究发现了一种叫作舌骨的成熟骨骼，而人类只有喉结上方存在这种骨骼。舌骨从鸟嘴下面开始一直延续到鼻孔，分布于头骨的下面和四周，越过头骨顶部最终在前额处汇合。

知识小链接

啄木鸟的舌细长而富弹性，其舌根是一条弹性结缔组织，它从下腭穿出，向上绕过后脑壳，在脑顶前部进入右鼻孔固定，只留左鼻孔呼吸，这种“弹簧刀式装置”可使舌伸出喙外达12cm，加上舌尖生有短钩，舌面具黏液，所以舌能探入洞内钩捕5目7科30余种树干害虫。

中国人为什么钟爱喜鹊

这天上午，玲玲在卧室做作业。突然，一只鸟飞到了窗户上，玲玲没敢出声，赶紧叫来了在厨房做饭的妈妈。

妈妈惊喜地说："闺女，这是喜鹊啊，看来咱家最近有好事了。"

"是吗？"

"嗯，没错。"

晚上的时候，爸爸笑容满面地回来了，他告诉妻子和女儿，他升职了。

玲玲说："妈妈，还真挺准的啊，也真是神了。"

爸爸问："什么事准不准的？"

妈妈说："今天咱家窗户上来了只喜鹊，我说有好事，女儿不相信，结果晚上你就告诉我们这个天大的好消息了。"

爸爸："这个我们还真的别不相信，中国人自古以来就喜欢喜鹊这种动物，因为报喜啊。"

的确，喜鹊是自古以来深受人们喜爱的鸟类，是好运与

福气的象征，农村喜庆婚礼时也剪贴“喜鹊登枝头”来装饰新房。喜鹊登梅亦是中国画中非常常见的题材，它还经常出现在中国传统诗歌、对联中。此外，在中国的民间传说中，每年的七夕人间所有的喜鹊会飞上天河，搭起一条鹊桥，引分离的牛郎和织女相会，因而在中华文化中鹊桥常常成为男女情缘的象征。

辛勤的农民，清晨在田中劳动，看到喜鹊成双成对地在田间草地上跳跃追逐捕食害虫，而且不会回避人类，便对它产生出了喜爱之情，它嘹亮且单调的鸣声也就被喻为吉兆。然而喜鹊又是离人最近的鸟，它们能吃腐食，人类的抛弃物正好成为它们最充足稳定的食源。因此，它们很早就进入人类的言说系统，成了文化表达的一个重要元素。

有人说，“喜鹊”连用，见于宋代彭乘的《墨客挥犀》：“北人喜鸦声而恶鹊声，南人喜鹊声而恶鸦声。鸦声吉凶不常，鹊声吉多而凶少，故俗呼为喜鹊。”后来，又叫“灵鹊”。传说喜鹊能报喜。有这样一个故事：贞观末期有个叫黎景逸的人，家门前的树上有个鹊巢，他常喂食巢里的鹊儿，时间一长，人鸟有了感情。一次黎景逸被冤枉入狱，他倍感痛苦。突然一天他喂食的那只鸟停在狱窗前欢叫不停。他暗自想大约有好消息要来了。果然，三天后他被无罪释放，原因是喜鹊变成人，假传圣旨。有这些故事印证，画鹊兆喜的风俗大为流行，品种也有多样：如两只鹊儿面对面叫“喜相逢”；双鹊中加一枚古钱叫“喜在眼前”；一只獾和一只鹊在树上树下对望叫“欢天喜地”。流传最广的，则是鹊登梅枝报喜图，又叫“喜上眉梢”。

知识小链接

喜鹊是鸟纲鸦科的一种鸟类，共有10个亚种。体长40~50cm，雌雄羽色相似，头、颈、背至尾均为黑色，并自前往后分别呈现紫色、绿蓝色、绿色等光泽，双翅黑色而在翼肩有一大型白斑，尾远较翅长，呈楔形，嘴、腿、脚纯黑色，腹面以胸为界，前黑后白。留鸟。

喜鹊栖息地多样，常出没于人类活动地区，喜欢将巢筑在民宅旁的大树上。全年大多成对生活，杂食性，在旷野和田间觅食，繁殖期捕食昆虫、蛙类等小型动物，也盗食其他鸟类的卵和雏鸟，兼食瓜果、谷物、植物种子等。每窝产卵5~8枚。卵淡褐色，布褐色、灰褐色斑点。雌鸟孵卵，孵化期18天左右，1个月左右离巢。

除南美洲、大洋洲与南极洲外，喜鹊几乎遍布世界各大陆。中国有4个亚种，见于除草原和荒漠地区外的全国各地。喜鹊在中国是吉祥的象征，自古有画鹊兆喜的风俗。

第5章

虫类世界，小小昆虫趣味多

我们生活的这个世界是多姿多彩的，有绿草茵茵，有白雪皑皑，也有万紫千红的花，更有渺小但有趣的昆虫。生活中的小朋友们，或许你认为昆虫很遥远，但其实它们就在我们的生活里，如蚂蚁、苍蝇、蜘蛛、知了等。那么，这些昆虫有什么特点呢？又是如何形成和生存的呢？带着这些问题，我们来看看本章的内容。

蜻蜓才是自然界最成功的捕食者

周五下午第三节课是自由活动课，班上许多爱玩的男同学都到操场上踢球了。

可是天气并不好，阴沉沉的，好像要下雨的样子，半空中也有很多蜻蜓飞来飞去。

踢球太热了，大家就歇了下来，有一搭没一搭地聊着。

亮亮说：“这一到快下雨的时候，蜻蜓就出来了，而且飞得特别低。”

小飞说：“是啊，但即使蜻蜓飞得再低，你们也抓不住它。”

亮亮问：“这是为什么？我感觉蜻蜓最没用了，小小的，也飞不高。”

小飞继续说：“因为蜻蜓本身就是最厉害的捕食者，别看它小，它可是自然界拥有眼睛最多的，而且，它本身就像雷达一样，对于周围的情况探测得特别清晰。”

一旁的天天惊讶得张大了嘴巴：“天啊，这么不起眼的蜻

蜓还这么厉害呢。”

在自然界的动物王国中，每天都在上演弱肉强食的戏码，物竞天择，适者生存。

强者依靠强壮的体形直接捕杀猎物，有的则靠惊人的奔跑速度和耐力存活。提到捕猎能力，人们多半想到的是凶猛的狮子和老虎，而其实，自然界最成功的捕食者是蜻蜓，那么，蜻蜓为什么拥有如此高超的捕猎能力呢？

蜻蜓之所以能如此高效地捕捉食物，是因为它是世界上眼睛最多的动物。蜻蜓的眼睛又大又鼓，占据着头的绝大部分，且每只眼睛又由数不清的“小眼”构成，这些“小眼”都与感光细胞和神经连着，可以辨别物体的形状大小，它们的视力极好，而且还能向上、向下、向前、向后看而不必转头。

蜻蜓的视界几乎是环形界的，接近360度，加之蜻蜓的飞行

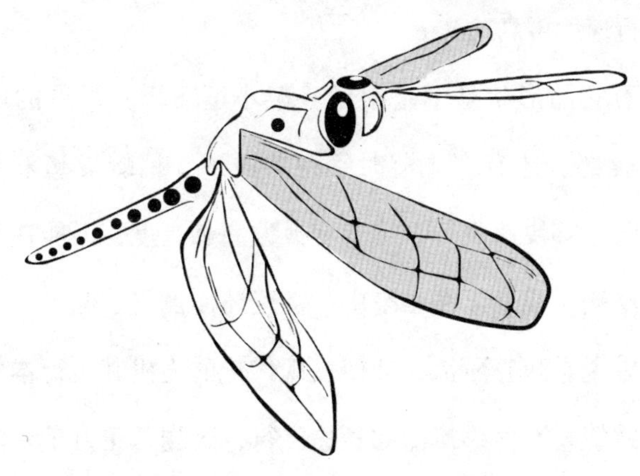

有像直升机一样的悬停能力，这使得它一旦确定捕猎对象，就会时刻让猎物保持在视线范围内，不断调整飞行路线，并能在采取行动前预测目标物的动向。

的确，蜻蜓的视觉非常灵敏，其头部的大部分都被一对大大的复眼占据了。每个复眼由许多小眼组成，每一小眼都是一架小型照相机，周围的物体不断被摄入，形成图像。它能看到6m以内的东西。整个复眼为球形，其弧形的表面可照顾到各个方向，加之蜻蜓的大脑袋能自如转动，使蜻蜓的视野非常开阔。复眼除了能感受到物象外，还能测速，当物体在复眼前移动时，每一小眼依次产生出反应，经过加工，就能根据连续出现于小眼中的形象和时间，确定出目标物体的运动速度。蜻蜓是昆虫中的飞行能手，蜻蜓的翅质薄而轻，重量只有0.005g，每秒却可振动30~50次；它们的飞行速度可达每小时40.23km，冲刺飞行速度可高达40m/s。

你看它的形状是不是很像一架小型飞机：平展的四翼，细长的腹部，还有那飞翔时平稳的样子。蜻蜓飞起来十分灵活，它既能够快速飞行，迅速变换方向和高度，又能在某一高度缓缓滑翔，或悬浮在半空中，甚至还能倒飞、侧飞、直上直下，可以说是随心所欲，即使最现代化的飞机其飞行本领也远远不及蜻蜓。有些蜻蜓能够长途飞行，飞越几千万千米。蜻蜓

不凡的飞行技能应归功于它发达的翅肌和气囊，前者使翅能快速扇动，后者储有空气，可以调节体温，增加浮力，因而它能自如地停留在空中。它那两对膜质的翅膀上布满了纵横交错的翅脉，使蜻蜓的翅既轻又结实。翅的前缘有角质加厚形成的翅痣，可别轻看了这小小的翅痣，它是蜻蜓飞行的消振器，能消除飞行时翅膀的震颤，如果去掉它，蜻蜓飞起来就会像喝醉了酒一样摇摇摆摆，飘忽不定。在航空史上，飞机由于剧烈振动而时常导致机翼断裂，后来飞机设计师根据蜻蜓的翅膀逐渐摸索出了解决的办法，在飞机的两翼各加一块平衡重锤。

知识小链接

蜻蜓，无脊椎动物，昆虫纲，蜻蜓目，差翅亚目昆虫的通称。一般体形较大，翅长而窄，膜质，网状翅脉极为清晰。视觉极为灵敏，单眼3个；触角1对，细而较短；咀嚼式口器。

飞蛾为什么总爱“扑火”

夏天的这天晚上，磊磊在房间做作业，因为开着台灯，他发现，灯管上有好多蚊虫类的东西，就叫来了妈妈。

“妈妈，你帮我弄下吧，这些是什么呀？”

“这是飞蛾，因为你开着灯，它们就粘在了上面。”妈妈说。

“那为什么有灯光，它们就会扑上来了呢？”磊磊更好奇了。

“因为飞蛾是夜行动物啊，它们驱光，人们常说的‘飞蛾扑火’就是这个意思啊。”妈妈说。

我们都听过一个成语“飞蛾扑火”，并且知道这是自不量力的意思。但从生物学的角度看，飞蛾总是“扑火”是有一定道理的。

蛾的历史要比人类久远得多，它们的趋光性不是因为人类的灯火而出现的。在人类诞生之前，夜晚最明亮的光源只有月亮。也许飞蛾的趋光性与月亮有关？最早这么想的是德国昆虫

学家冯·布登布洛克，他在20世纪30年代提出假说称，蛾在夜间飞行时，很可能利用月亮作为导航工具。由于月亮距离地球非常遥远，在蛾飞行时，月亮和它的相对距离没有变化，在空中的位置看上去是不动的。因此蛾可以利用月亮进行定位，如在飞行时让月亮始终位于右前方45度的位置，就可以让自己的飞行轨迹保持一条直线。

科学家经过长期观察和实验，终于揭开了“扑火”之谜。他们发现飞蛾等昆虫在夜间飞行活动时，是依靠月光来判定方向的。飞蛾总是使月光从一个方向投射到它的眼里。飞蛾在逃避蝙蝠的追逐，或者绕过障碍物转弯以后，它只要再转一个弯，月光仍从原先的方向射来，它也就找到了方向。这是一种“天文导航”。

飞蛾看到灯光，错误地认为是“月光”。因此，它也用这个假“月光”来辨别方向。月亮距离地球遥远得很，飞蛾只要保持同月亮的固定角度，就可以使自己朝一定的方向飞行。可是，灯光距离飞蛾很近，飞蛾按本能仍然使自己同光源保持着固定的角度，于是只能绕着灯光打转转，直到最后精疲力竭而死去。

也就是说，夜行昆虫大多有趋光性，“飞蛾扑火”就是这一习性的真实写照。其实，飞蛾主观上也不是想死在火焰里

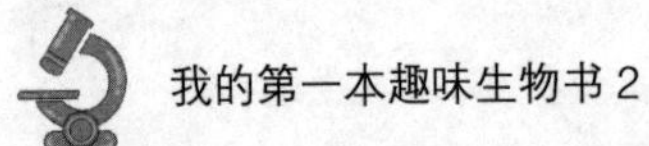

面，是由于其复眼的构造使其以一个螺旋角度围绕火飞行的时候逐渐接近最后造成扑火。

飞蛾扑火这个自古以来就让人感到神奇的现象在今天仍然是个未能完全破解的谜。不管你是嘲笑飞蛾自取灭亡的愚蠢，还是赞美飞蛾追求光明的勇气，有一点是肯定的，飞蛾并非是在寻死，而是误把灯火当成某种对它的生存或繁衍至关重要的东西，是我们人类的发明操纵了飞蛾早已进化而来的某种本能。

知识小链接

飞蛾类属于昆虫纲中之鳞翅目。飞蛾类多在夜间活动，喜欢在光亮处聚集，因此民谚有“飞蛾扑火自烧身”的说法。植物提供多种蛾类幼时的食物来源，蛾类的幼虫及成虫也是鸟类、爬虫类、两栖类等食虫性动物的主要食物来源之一，形成自然界重要的食物链。蛾类可以根据其触角加以区分——没有棒状的端部，而呈丝状或羽毛状。大多数蛾类在夜间活动，色彩较暗淡。

知了为什么会在夏天出现

夏日的中午，妈妈和妞妞在家午睡，突然停电了，妈妈和妞妞都被热醒了，刚好外面知了叫个不停，妞妞觉得更热了。

“妈妈，这知了真烦，我本来就很热，它们还一直不停地叫，你把它们赶走吧。”

妈妈笑着说：“这我可办不到，它们都在树上呢。夏天有知了很正常啊，一会儿来电了，就凉快了，你就别怪它们了。”

妞妞继续说：“好吧，但它们为什么到夏天就出来了呢？而且它们是怎么发出声音的？”

“这是因为夏天是知了繁衍的季节……”

知了也就是蝉，自古以来，人们对蝉最感兴趣的莫过于是它的鸣声，而叫的是雄蝉。为什么雄蝉会叫？原来蝉肚皮上的两个小圆片叫音盖，音盖内侧有一层透明的薄膜，这层膜叫瓣膜，其实是瓣膜发出的声音，人们用扩音器来扩大自己的声音，音盖就相当于蝉的扩音器一样来回收缩扩大声音，就会发出“知——了，知——了”的叫声，会叫的是雄蝉，雌蝉的肚皮上没有音盖和瓣膜，所以雌蝉不会叫。

雌蝉一定是哑巴吗？这是蝉的一个谜。

表面上看来，捕捉到的雌蝉都是不会鸣叫的，所以人们都称雌蝉为“哑巴姑娘”。从上面所讲的来看，雄蝉的“镜膜”兼有收音和扩音的作用，那么，它在鸣叫时，镜膜在扩音，就必然听不到自己的鸣叫声。雌蝉既不会说话，雄蝉又听不到自己在叫些什么，这不成了雄蝉在瞎叫唤吗？这样怎么让远处的雌蝉准确无误地找到“男友”呢？

有的科学家认为，当雄蝉拼命地高歌鸣叫时，能把方圆1000多米内的雌蝉召唤过来。当雌蝉飞到近距离时，雄蝉不断发出特有的低音量的“求爱声”，吸引雌蝉靠近。与此同时，雌蝉也能发出低音量应答声。这样相互默契才能达到交配目的。只不过雌蝉的这种低音量次声人耳听不到。

不过，它们是否真的用低音量的声音在“交谈”，这还是个谜。

冬天是昆虫冬眠的时候，夏天是昆虫繁衍后代的时候，为了吸引配偶所以要鸣叫，蝉在蜕变之后的生命只有短短的几周，它们临死前会生下下一代的蛋，幼虫在地下需经过3~4年的时间才能长成，然后爬出地面，上树，蜕变，由地蝉变成真正

的蝉。仅有几周的生命，其实只为了交配。

蝉一般3~4年繁殖一代，以卵和成虫在树枝木质部与土壤中越冬。老熟后的成虫于6—7月间出土羽化。其出土的时间常在晚上8时至早晨6时左右，以夜间9—10时为出土高峰时段。

成虫在出土之后即爬到附近的树上羽化，完成羽化需2小时左右。成虫出壳时，翅脉为绿色，身体为淡红色。以后，翅膀逐渐舒展开来，翅脉和体色都逐渐变深，在黎明之前逐渐向树上爬去。

成虫羽化后，先要刺吸植物的汁液，补充营养，然后开始鸣叫，叫的目的是吸引雌蝉。

雄蝉一般在气温20摄氏度以上开始鸣叫，当气温达到26摄氏度以上时，许多雄蝉就一起鸣叫，称为群鸣。当气温达30摄氏度以上时，这些雄蝉不仅鸣叫时间长，而且次数也更多，声音也叫得更响。

鸣蝉有一定的群居性和群迁性，上午8—11时，它们成群地由大树向小树迁移；到了晚上6—8时，它们又成群地由小树向大树迁移。

成虫的飞翔能力较强，但一般只做短距离迁飞。若摇动树干，它在夜间有一定的趋光性和趋火性，如没有外力去摇动树干，则其趋光性和趋光性并不明显。

成虫的寿命为45~60天。此虫在不同时期，雌雄的比例很不平衡，在羽化的初期，雄虫比雌虫多6~7倍，但到羽化盛期，雌雄的数量趋于相等，到了羽化的末期，则变为雌多雄少，而且雌虫要比雄虫多6~7倍。

雌雄交尾以后，雌蝉把卵产在植物枝条中，造成枝条枯死。卵在枯枝中到翌年6—7月孵化落入土中，在地下生活3~4年，每年6—9月蜕皮一次。若虫在地下的深度一般在2~30厘米或更深。幼龄若虫多附着在侧根或须根上，而大龄若虫则多附着在较粗的根上。

成虫在地下生活期间，地面上都留有一个米粒大小的通气小洞孔，成虫就生活在其中。

知识小链接

多数北美蝉发出有节奏的嘀嗒声或呜呜声，但某些种的声音甚动听。会鸣的蝉是雄蝉，它的发音器在腹基部，像蒙上了一层鼓膜的大鼓，鼓膜受到振动而发出声音，由于鸣肌每秒能伸缩约1万次，盖板和鼓膜之间是空的，能起共鸣的作用，所以其鸣声特别响亮，并且能轮流利用各种不同的声调激昂高歌。雌蝉的乐器构造不完全，不能发声，所以它是“哑巴蝉”。

金蝉是如何脱壳的

妞妞在听完妈妈讲述蝉在夏天是如何发声和为何发声后，开始对蝉这种小昆虫产生了浓厚的兴趣。

这天，她突然问妈妈：“妈妈，‘金蝉脱壳’也是上次我们说的‘蝉’吗？”

妈妈回答：“是啊。”

妞妞很好奇地继续问：“那么，金蝉为何要脱壳呢？它们又是怎样脱壳的呢？”

全世界蝉的种类繁多，有3000多种，我国目前已知的有200种左右。在我国，土地辽阔，一年四季均有蝉鸣。春天有“春蝉”，鸣叫时大喊“醒啦—醒啦”；夏天有“夏蝉”，鸣叫时大喊“热死啦—热死啦”“知了—知了”；秋天时有“秋蝉”，鸣叫时大喊“服了—服了”；冬天有“冬蝉”，鸣叫时大喊“完了—完了”。

那么，蝉什么要脱壳呢？

因为蝉身体表面有一层比较坚硬的皮，这层皮使体内物质不外流，又能防止外界有害之物的入侵。但是，这就对蝉幼虫的成长很不利，它限制了幼蝉身体的长大。为了蝉幼虫的成长，所以要经常脱壳。

蝉的幼虫开始从地下出来，爬到树干、树枝或庄稼、草叶上，用于固着身体。蝉的脱壳集中在晚上9—10时，其余时间就比较少了。

蝉找到物体固着以后，身体就不动了，像死去一般。头部上方开始裂开一道口，身体慢慢向外出来。从裂口到完全出来大约需要1小时，脱壳以后，翅膀展开，身体柔软，呈白色，这时还不会飞。大约再过1小时，身体慢慢变黑，也具备了飞翔的能力。

脱壳后的空壳就留在原处。

雌雄蝉交配后，雄蝉很快就衰老而坠地死去，留下雌蝉。雌蝉用尖尖的产卵器在嫩枝上刺一圈小孔，把卵产在树木的木质内部，还要在嫩枝的下端，用口器刺破一圈韧皮，使树枝断绝水分和养料的供应，嫩枝渐渐枯死。这样，有卵的树枝容易被风吹落到地面，以便孵化出来的幼蝉（幼虫）钻进土里。

蝉产下的卵半个月就孵化出幼蝉。幼蝉的生活期特别长，最短的也要在地下生活2~3年，一般为4~5年，最长的为17年。幼蝉长期在地下生活，有着冬暖夏凉的条件，也很少有天敌来

威胁，倒也算自在。它们经过4~5次蜕皮后，就要钻出地面，爬上树枝进行最后一次蜕皮（叫金蝉脱壳），成为成虫。

同样，令昆虫学家大惑不解的是，蝉能够非常准确地确定时间，在“地狱”恰到好处地完成从幼虫到成虫的过渡生长，并适时离开“地狱”爬出地面。这是个不可思议的奇迹。尤其是17年的蝉，这种蝉都是不多不少，精确地度过17年“地狱”生活才见天日。要见到它的子女，必须再过17年。因此，昆虫学家们总是像天文学家等待日食和哈雷彗星一样等待着“17年蝉”的出现。

幼蝉在暗无天日的地下，既看不见日出日落，也没有寒冬酷暑，它们是如何计量时间的？这是科学界的一大未解之谜。

知识小链接

蝉的一生，要经过卵、幼虫和成虫三个不同的时期。卵产在树上，幼虫生活在地下，成虫又重新回到树上。蝉在交配之后，雄蝉就完成了自己的使命，很快便死去。雌蝉则开始进行产卵的任务，它用尖尖的产卵器，在树枝上刺出小孔，刺一次产4~8粒，一个枝条上，往往要刺出几十个孔，然后雌蝉不吃不喝，也很快便死去了。卵在树枝里越冬，到第二年夏天，借助阳光的温度，才孵化出幼虫来。

变态昆虫——苍蝇的成长历程

这天晚饭后，玲玲和妈妈一起收拾碗筷。

妈妈告诉玲玲："你去把厨房的罩子拿来，夏天苍蝇太多了。"

玲玲照办了。

随后，玲玲问："妈妈，苍蝇是昆虫吗？"

"是啊。"

"为什么一到夏天，苍蝇就出现了呢？冬天就没有，它们是怎么形成的呢？"玲玲问。

"苍蝇这种昆虫是最恶心和变态的，我这么说，你还想听？"妈妈做了个鬼脸。

"你说吧，我不嫌恶心。"

在生物学上，苍蝇属于典型的"完全变态昆虫"。据20世纪70年代末统计，全世界的蝇类有64个科3.4万余种。主要蝇种是家蝇、市蝇等。那么，苍蝇是怎么形成的呢？

苍蝇为完全变态昆虫，它的一生要经过卵、幼虫（蛆）、

蛹、成虫四个时期，各个时期的形态完全不同。雌虫将卵产于腐肉或粪便等腐败有机物上，幼虫孵化后以这些腐败物为食。某些种类的苍蝇是卵胎生，如麻蝇。

1.卵

卵乳白色，呈香蕉形或椭圆形，长约1毫米。卵壳背面有两条嵴，嵴间的膜最薄，孵化时幼虫即从此处钻出。卵期的发育时间为8~24小时，与环境温度、湿度有关，卵在13℃以下不发育，低于8℃或高于42℃则死亡。在下列范围内，卵的孵化时间随着温度的升高而缩短：22℃时，20小时；25℃时，需16~18小时；28℃时，需14小时；35℃时，仅需8~10小时。生长基质的湿度也对卵的孵化率有影响：相对湿度为75%~80%时，孵化率最高；低于65%或高于85%时，孵化率明显降低。

2.幼虫

幼虫俗称蝇蛆，有3个龄期。一龄幼虫体长1~3mm，仅有后气门。蜕皮后变为二龄，长3~5mm，有前气门，后气门有2裂。再次蜕皮即为三龄，长5~13mm，后气门3裂。蝇蛆体色，1~3龄由透明、乳白色变为乳黄色，直至成熟、化蛹。三龄幼虫呈长圆锥形，前端尖细，后端呈切截状，无眼、无足。蝇蛆的生活特性是喜欢钻孔，畏惧强光，终日隐居于滋生物的避光黑暗处。它具有多食性，形形色色的腐败发酵有机物，都是它的美味佳肴。幼虫期是苍蝇一生中关键时期，其生长发育的好坏，直接关系到种蝇的个体大小和繁殖效率。

幼虫其头咽骨，后气门片，后气门裂，腹末小突是分类鉴定常用特征。3龄幼虫头小，口钩爪状，左右不对称。

3.蛹

蛹是苍蝇生活史上的第三个变态。它呈桶状即围蛹。其体色由淡变深，最终变为栗褐色，长5~8mm。蛹壳内不断进行变态，一旦苍蝇的雏形形成，便进入羽化阶段。羽化时，苍蝇靠头部的额囊交替膨胀与收缩，将蛹壳头端挤开而爬出，穿过疏松沙土或其他培养料而到达地表面。从化蛹至羽化，称为蛹期。

4.成虫

体长5~8mm，灰褐色，复眼无毛，暗红色，雄蝇额宽为眼宽的1/4~2/5；雌蝇额宽几乎等于一侧复眼宽度。触角灰黑色，短扁，触角芒短，基部粗大，背腹两面有羽状毛，一直到达芒尖。口器舐吸式，外观可见到一个粗短的喙，由三部分组成，基喙呈倒锥状，中喙粗短呈筒状，端喙发达分成两瓣，即称之为唇瓣；喙可自由伸缩。中胸盾板有4条黑色纵条纹，前胸侧板中央凹陷处有纤毛，腋瓣上肋前、后刚毛簇均无，下侧片在后气门前下方有毛。翅透明，翅脉棕黄色，前缘脉基鳞黄白色，第四纵脉末端向前急剧弯曲成折角，其末端与第三纵脉末端靠

近。足黑色，有灰黄色粉被，腹部椭圆形，黄色，在基部两侧尤明显，腹正中有宽的黑色纵条，腹部第一腹板具纤毛。苍蝇有6条腿（3对），前面一对相当于人、袋鼠、猴子、熊、熊猫等哺乳类动物的前肢，后面两对是支撑、发力的大腿，相当于人、袋鼠、猴子、熊、熊猫等哺乳类动物的后肢。

5.蛹

龄期蝇成熟后，即趋向于稍低温的环境中化蛹。但低于12℃时，蛹停止发育；高于45℃时，蛹会死亡。在适宜范围内，随着温度升高，蛹期相应缩短。16℃时，需要17~19天；20℃时，需要10~11天；25℃时，需要6~7天；30℃时，需要4~5天；35℃时，仅需3~4天，此为最佳发育温度。蛹的特性是比较耐寒。据试验，家蝇蛹在温度1℃、环境湿度85%的冰箱中冷藏4天后返回正常室温，羽化期仅比正常蛹期迟1天；在上述环境下冷藏3天，并不会降低其羽化率。

知识小链接

苍蝇有独特的消化道。当它们吃了带有多种病菌的食物后，能在消化道内快速处理，迅速摄取有营养的食物并及时将无用的糟粕、废物及病菌排出体外。这个过程需要的时间只有7~11秒，因而大多数细菌在进入苍蝇体内后，还来不及繁殖就已经被排出体外了。

萤火虫的光是从哪里来的

夏天的一个夜晚，菲菲和妈妈在院子里乘凉，过了会儿，菲菲惊讶地发现，竟然有萤火虫飞过。

“妈妈，快看，那是萤火虫。”

“是啊，城市里萤火虫越来越少了，以前我跟你外公外婆住在乡下的老房子时，夏天经常能看见呢。”妈妈感叹道。

“那为什么萤火虫能发出这么美丽的光呢？”

“这个问题要从萤火虫身体的构造说起了……”

萤火虫又名夜光、景天、如熠耀、夜照、流萤、宵烛、耀夜等，属鞘翅目萤科，是一种小型甲虫，因其尾部能发出光，故名萤火虫。这种尾部能发光的昆虫，约有2000种，我国较常见的有黑萤、姬红萤、窗胸萤等几种。

萤火虫夜间活动，卵、幼虫和蛹也往往能发光，成虫发光有引诱异性的作用。幼虫捕食蜗牛和小昆虫，喜栖于潮湿温暖草木繁盛的地方。

萤火虫的发光，简单来说，是荧光素（luciferin）在催化下

发生的一连串复杂生化反应；而光即是这个过程中所释放的能量。由于不同种类的萤火虫，发光的型式不同，因此在种类之间自然形成隔离。萤火虫中绝大多数的种类是雄虫有发光器，而雌虫无发光器或发光器较不发达。虽然我们印象中的萤火虫大多是雄虫有两节发光器、雌虫有一节发光器，但这种情况仅出现于熠萤亚科中的熠萤属（Luciola）及脉翅萤属（Curtos）。因为像台湾窗萤（Pyrocoelia analis），雌雄都有两节发光器，两者最大的区别在于雌虫为短翅型，而雄虫则为长翅型。

萤火虫的发光器是由发光细胞、反射层细胞、神经与表皮等所组成。如果将发光器的构造比喻成汽车的车灯，发光细胞就有如车灯的灯泡，而反射层细胞就有如车灯的灯罩，会将发光细胞所发出的光集中反射出去。所以虽然只是小小的光芒，在黑暗中却让人觉得相当明亮。而萤火虫的发光器会发光，起始于传至发光细胞的神经冲动，使得原本处于抑制状态的荧光素被解除抑制。萤火虫的发光细胞内有一种含磷的化学物质，称为荧光素，在荧光素的催化下氧化，伴随产生的能量便以光的形式释出。由于反应所产生的大部分能量都用来发光，只有2%~10%的能量转为热能，因此当萤火虫停在我们的手上时，我们不会被萤火虫的光给烫到，所以有些人称萤火虫发出来的光为“冷光”。

至于萤火虫发光的目的，早期学者提出的假设有求偶、沟通、照明、警示、展示及调节族群等功能；但是除了求偶、沟通之外，其他功能只是科学家观察的结果，或只是臆测。直到近几年，才有学者验证了警示说：1999年，学者奈特等人发现，误食萤火虫成虫的蜥蜴会死亡，证实成虫的发光除了找寻配偶之外，还有警告其他生物的作用；学者安德伍德等人在1997年以老鼠做的试验证实，幼虫的发光对于老鼠具警示作用。

萤火虫于夜晚的发光行为，以黑翅萤（Luciola cerata）为例，就目前的研究发现，多是在日落后，雄虫开始在栖地上边飞边亮；在雄虫开始活动不久后，雌虫便开始出现于栖地周围的高处（雌虫也会发光，但只有一节发光器，雄虫则有两节发光器），从晚上7点一直到11点半左右，在其栖地可以见到成百成千的萤火虫发光，但差不多在晚上11点半过后，成虫便逐渐停止发光。而且雄虫发光的频率也有变化，并非整晚的发光频率都一样。

知识小链接

萤火虫的发光器内有一种发光细胞，发光细胞内有一种含鳞的化学物质，称为萤光素。不同的萤火虫光芒持续的时间不同，有的不到一秒，有的可以维持好几分钟。

蚂蚁——当之无愧的大力士

星期六这天下午，小兵和小奇两个人踢完球后买了些零食就坐在足球场旁边吃起来。小兵一不小心，将一块鸡翅掉到了地上，他也没捡起来丢垃圾桶，然后两人继续说笑着。

过了一会儿，小奇突然说：“你看，有蚂蚁。”

小兵说：“你看它们也是吃货呢，我掉了的鸡翅，它们也爱吃，哈哈。”

小奇：“话说，它们力气真不小，那么大块鸡翅，它们身体那么小，怎么搬得动？看来它们才是大力士啊。”

据力学家测定，一只蚂蚁能够举起超过自身体重400倍的东西，还能够拖运超过自身体重1700倍的物体。美国哈佛大学的昆虫学家马克莫费特，是一位对亚洲蚁颇有研究的学者。根据他的观察，10多只团结一致的蚂蚁，能够搬走超过它们自身体重5000倍的蛆或者别的食物，这相当于10个平均体重70kg的彪形大汉搬运3500t的重物，即平均每人搬运350t，从相对力气这个角度来看，蚂蚁是当之无愧的大力士。小小的蚂蚁为什么能有如此神力？

蚂蚁为什么会有比自身大很多倍的力气？

蚂蚁是动物界的小动物，却有很大的力气。如果你称一下蚂蚁的体重和它所搬运物体的重量，你就会感到十分惊讶。它所举起的重量，竟超过它的体重差不多100倍。世界上从来没有一个人能够举起超过他本身体重3倍的东西，从这个意义上说，蚂蚁的力气比人的力气大得多了。这个大力士的力量是从哪里来的呢？看来，这似乎是一个有趣的“谜”。科学家进行了大量实验研究后，终于揭穿了这个“谜”。原来，蚂蚁脚爪里的肌肉是一个效率非常高的“原动机”，比航空发动机的效率还要高好几倍，因此能产生相当大的力量。我们知道，任

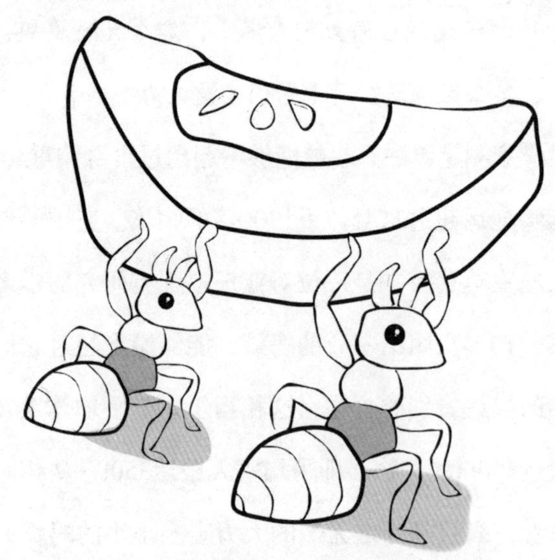

何一台发动机都需要有一定的燃料，如汽油、柴油、煤油或其他种油。但是，供给“肌肉发动机”的是一种特殊的燃料。这种“燃料”并不燃烧，却同样能够把潜藏的能量释放出来转变为机械能。不燃烧也就没有热损失，效率自然就大大提高。化学家们已经知道了这种特殊“燃料”的成分，它是一种十分复杂的磷的化合物。这就是说，在蚂蚁的脚爪里，藏有几十亿台微妙的小电动机作为动力。这个发现，激起了科学家们的一个强烈愿望——制造类似的“人造肌肉发动机”。从发展前途来看，如果把蚂蚁脚爪那样有力而灵巧的自动设备用到技术上，将会引起技术的根本变革，那时电梯、起重机和其他机器的面貌将焕然一新。我们用的起重机一般也是靠电动机工作的，但是做功的效率比起蚂蚁来可差远了。为什么呢？因为火力发电要靠烧煤，使水变成蒸汽，蒸汽推动叶轮，带动发电机发电。这中间经过了将化学能变为热能，热能变成机械能，机械能变成电能这么几个过程。在这些过程中，燃烧所产生的热能，有一部分白白地跑掉了，有一部分因为要克服机械转动所产生的摩擦力而消耗掉了，所以这种发动机效率很低，只有30%~40%。而蚂蚁“发动机”利用肌肉里的特殊“燃料”直接变成电能，损耗很少，所以效率很高。人们从蚂蚁“发动机”中得到启发，制造出了一种将化学能直接变成电能的燃料电池。这种电池利用燃料进行氧化还原反应直接发电。它没有燃烧过程，所以效率很高，达到70%~90%。

知识小链接

蚂蚁也是动物世界赫赫有名的建筑师。它们利用颚部在地面上挖洞，通过一粒一粒搬运沙土，建造它们的蚁穴。蚁穴的“房间”将一直保持建造之初的形态，除非土壤严重干化。蚂蚁研究专家沃尔特·奇尔盖尔对蚁穴进行建模。他将液态金属、石蜡或者正畸石膏灌入蚁穴，凝固定型之后挖出。他说：“你可以得到一个深入地下的结构。”根据他的观察，最靠近地表的区域蚁室最多，深度越深，蚁室越少，面积也越小。他说：“为了做到这一点，蚂蚁必须了解它们相对于地面的深度。”但它们如何“施工”仍旧是一个谜。

蚂蚁是如何传递信息的

下面是小学生然然的日记：

这天下午，天空阴沉沉的。老话说得好：蚂蚁搬家蛇过道，明日必有大雨到。我想，这正是观察蚂蚁的大好机会。

于是，我跑到奶奶家的院子里，顺着墙根找蚂蚁。果然一会儿就找到了。好奇心使我蹲下身子观察小蚂蚁。只见一只蚂蚁驮着一块面包屑艰难地走着，不知道为什么，那只小蚂蚁腿一滑，食物滚到一边去了。我想：也许是小蚂蚁太累了怎么也扛不起这块面包屑了，想休息一下吧！咦，不对呀，小蚂蚁怎么匆忙地跑开了呢？难道它舍得丢掉自己找到的美味佳肴呀？我想，其中一定有原因的。我这样想着，索性端来一条小凳子，坐在那儿，一定要看个究竟。过了一会儿，来了一大群蚂蚁。我恍然大悟，原来那只小蚂蚁是去搬“救兵”了。蚂蚁们团住食物，动了，食物动起来了。只见这支队伍浩浩荡荡地前进，我似乎听到了它们的口号声。我感到很纳闷，那只小蚂蚁是怎么回去给它的同伴传递信息的呢？

这里，对于然然的疑问，我们可以说，蚂蚁之间一般是通过触角来联系的。蚂蚁是社会性很强的动物，彼此通过身体发出的信息素来进行交流沟通，当蚂蚁找到食物时，会在食物上散布信息素，别的蚂蚁的触角上的感受器能识别信号，它们会本能地把有信息素的东西拖回洞里去。

当蚂蚁死掉后，它身上的信息素依然存在，当有别的蚂蚁路过时，会被信息素吸引，但是死蚂蚁不会像活的蚂蚁那样跟对方交流（互相触碰触角），于是它带有信息素的尸体就会被同伴当成食物搬运回去。

通常情况下，那样的尸体不会被当成食物吃掉，因为除了信息素以外，每一窝的蚂蚁都有自己特定的识别气味，有相同气味的东西不会受到攻击，这就是同窝的蚂蚁可以很好协作的基础。

按照上面的理论，我们仔细观察就会发现，当一只蚂蚁发现一块食物，它在奔回蚁巢时的行动就会很匆忙，与另一只蚂蚁碰到一起时，就用两根触角互相触碰一下，刺激同伴去找食物。这样一个传一个，使更多的同伴受到刺激出来找食物。第一个发现食物者，在返回蚁巢时，已经在沿途留下了一些气味，这是从腹尖的肛门和足上腺体分泌出一种叫作路标信息素的分泌物。被动员出来的蚂蚁闻到这种气味就会顺着这个特殊

的路标找到食物，并把食物搬运回巢。另外一些视觉比较发达的蚂蚁种类，平时认路主要是靠眼睛，被动员出来的同伴就会用眼睛四处搜寻。科学家认为，蚂蚁的触角触碰有一套复杂的方式，这些不同的触碰，就相当于它们的一套“语言”。

另外要指出的是，“白蚁”不是蚂蚁，白蚁除了与蚂蚁一样具有社会生活习性外，在生理结构上和蚂蚁有很大的差别。

知识小链接

蚂蚁在行进的过程中，会分泌一种信息素，这种信息素会引导后面的蚂蚁走相同的路线。如果我们用手划过蚂蚁的行进队伍，干扰了蚂蚁的信息素，蚂蚁就会失去方向感，到处乱爬。所以我们不要随便干扰它们。

蚂蚁为典型的社会性群体，具有社会性群体的三大要素：个体间能相互合作照顾幼体；具有明确的劳动分工系统；子代能在一段时间内照顾上一代。

结网专家——蜘蛛是如何织网的

最近，《蜘蛛侠3》上映了，这可是瑶瑶的最爱，所以，她央求妈妈买了票，全家人准备周末一起去看。

周末晚上，看完《蜘蛛侠3》后，瑶瑶在回来的路上，对电影中的视觉效果赞不绝口。

过了会儿，瑶瑶问爸爸：“你说，蜘蛛侠身上用的那个蛛丝是怎么演的？”

爸爸：“肯定是用电脑特效吧。”

瑶瑶继续问：“那现实生活中的蜘蛛，又是怎么结网的啊？”

一位对蜘蛛已经有20多年研究的科学家说：“蜘蛛结网是一个很有趣的事情，因为它看起来似乎没有任何道理，你看不出对称网的任何优势，然而这却是蜘蛛的一种进化。”他还表示这不可能是进化中的偶然性，恰好使这些蜘蛛具备了这种测量的能力，这种进化肯定有一个原因，只是目前我们还不知道而已。

有位专家经过仔细计算发现，蛛丝的强度竟相当于同样体

积的钢丝的5倍。蜘蛛结好网后，便伏在网的中央，“守株待兔”——等待飞虫自投罗网。一张小叶片、一枝细细的枯梗，落到蛛网上了，只见蜘蛛震颤一下，便安便不动了；可是，一只漫不经心的飞虫撞到了网上，蜘蛛便“兴冲冲”地爬了过去，喷出黏丝把猎物捆起来，用毒牙将它麻醉，待猎物组织化成液体后，再大口大口地吮吸。蜘蛛是怎么知道将有美味到嘴的呢？它的腿上有裂缝形状的振动感觉器。枯梗、树叶碰到了网上，便不动了，所以蜘蛛只是在它们碰到网的一刹那间，震颤一下。要是撞网的是飞虫，一定会挣扎一番，这样便给蜘蛛发出了振动信号。奇怪的是，同是撞网的飞虫，蜘蛛的反应却截然不同：是苍蝇，它就马上跑来捆缚；如是蜜蜂，蜘蛛便按兵不动。是蜘蛛怕被蜇吗？不是的。

科学家发现，蜘蛛对40～500赫频率的振动最敏感，苍蝇扑动翅膀的频率正好在这个范围之内，而蜜蜂扑动翅膀的频率每秒超过1000次，所以不会引起蜘蛛的注意。人们发现，蛛网对于蜘蛛的生活来说是非常重要的。蛛网不仅是这种动物捕捉猎物的陷阱和餐厅，还是它们的通信线、行道、婚床和育儿室。蜘蛛在蛛网上来回往返，为什么自己不会被黏丝黏住呢？通常蜘蛛是把干丝当作跑道的，需要在黏丝上行走时，它的8条腿会分泌出一种油做润滑剂，这样就能在网上进退自如了。

在37000多个蜘蛛种类中，所有的蜘蛛都能吐丝，但只有一半种类可以用丝织网，其余的只会用丝缠绕食物或卵，或编一个很小的临时的掩蔽处，或者像蜘蛛侠那样在跳跃的时候织一根安全带。

纽约康奈尔大学昆虫学院的助理教授琳达·瑞伊尔说："丝在腹部中时以液体的形式存在，而出来后却变成了固体的丝，研究人员一直在研究这是如何发生的。蛛丝比同样宽度的钢铁要坚硬得多也具有更大的柔韧性，它可以伸展到其长度的200倍。"

每种蜘蛛都有自己的织网类型，这是天生的，对于专家来说也是很容易辨认的。一位科学家说："给我地球上任何一种网我都可以说出织这种网的蜘蛛种类，就像一位艺术家一眼就能区分出米开朗基罗和凡·高的作品。"

但是，正如各张绘画都是独特的，各个网也是由每只蜘蛛根据具体空间而织造的，纽约瓦萨（Vassar）学院生物学教授说："蜘蛛会根据风和周围植被情况修改网的设计。"

知识小链接

大多数园蛛用最少的丝织成面积最大的网，网像一个空中滤器，捕捉未看见细丝的、飞行力不强的昆虫。网虽复杂，但一般在1小时内即能织成，多在天亮前完成。

第6章

鱼类家族，水底世界多欢乐

鱼类，相伴人类走过了500多年的历程，与人类结下了不解之缘，成为人类日常生活中极为重要的食品与观赏宠物。但人们对什么动物是“鱼”、鱼的定义应如何下，却知者甚少。随着科学的发展，人们对鱼所下的定义也发生了很大的变化。接下来，我们就来了解一下鱼类家族的一些趣事吧。

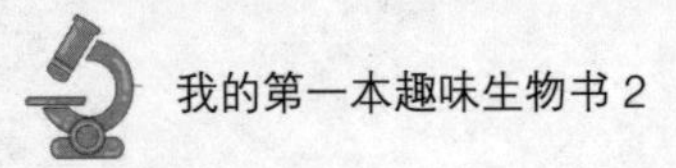

关于鱼，你了解多少

小学阶段的课业负担也不轻，为了给女儿增加营养，周末这天，小蕾的妈妈特地去菜市场买了好几条鲫鱼，红烧鲫鱼一直是小蕾最喜欢的菜。

中午，小蕾做完作业从房间出来，看到妈妈在烧鲫鱼，赶紧凑过去，准备掀锅盖，却被妈妈拦住："还没好呢，吃不了。"

"嗯，鲫鱼真是好久没吃了啊，太馋了。"

"就是啊，所以今儿一大早，我就到了菜市场，挑了最新鲜的，这鱼的营养价值可高了，多吃点补脑。"

"嗯，谢谢妈妈，不过我只在饭桌和菜市场看到过鱼，还没见到水里游的呢，不知道它们是怎么生活的。"

在我们的餐桌上，经常会出现鱼这道菜，可以说，对于鱼的营养价值，我们大多数人都了解：鱼肉富含动物蛋白质和磷质等，营养丰富，滋味鲜美，易被人体消化吸收，对人的体力和智力的发展具有重大作用。可是，关于这些问题，你是否

了解：鱼类有血液吗？是什么颜色的？鱼会睡觉吗？鱼有听觉吗？鱼是如何在冰下生存的呢？

鱼是有血液的，而且和人类一样是红色的。其实，鱼的血液循环是封闭的，其心脏比较简单，位于鳃附近，由一个心房和一个心室组成。鱼的鳃有许多毛细血管的小叶，通过它巨大的面积将水中溶解的氧吸收到血液中。鱼鳃的功率非常高（有些鱼可以利用70%的水溶解的氧），这可能说明鱼的红血球的功率很高。硬骨鱼的鳃外有一块角质的盖，鱼在呼吸时同时张嘴和将鳃盖打开，这样将水吸入口中，鳃盖上的膜防止水从这个方向流入。合嘴时可以通过嘴前部的一个部位将水从鳃缝中挤出去。

鱼同样也需要睡眠。如同人有各种睡相一样，鱼也有各种各样的睡觉方法，每一种睡姿都几乎是不同的。鱼儿虽然跟我们人类一样是睡觉的，但是，它们是睁着眼睡觉的。

鱼也是有听觉的。鱼头的两侧都有灵敏的耳朵，和人类不同的是鱼只有内耳，从外面是看不见的。鱼身体两旁的侧线可感觉到水中的波荡，也可说是鱼的听觉器官。而且其内含有半规管和耳石，除了听觉外，还是重要的平衡器官。

那么，为什么鱼能在冰下生存呢？水的体积在4℃以上的时候是“热胀冷缩”，而在4℃以下则是“冷胀热缩”，也就是说4℃的水密度最大，通常天气变冷的时候，河水表面温度开始变低，到4℃的时候，密度大就沉下去了，而河底温度高的水由于密度小则会浮上来。周而复始，使河底温度始终保持在4℃左右，河水表层的温度可能已经到零下了，结冰了，而河底的水温仍适合鱼类生存。

知识小链接

鱼类是体被骨鳞、以鳃呼吸、用鳍作为运动器官和凭上下颌摄食的变温水生脊椎动物，属于脊索动物门中的脊椎动物亚门，一般人把脊椎动物分为鱼类（53%）、鸟类（18%）、爬行类（12%）、哺乳类（9%）、两栖类（8%）五大类。根据加拿大学者Nelson1994年的统计，全球现生种鱼类共有24618种，占已命名脊椎动物一半以上，且新种鱼类不断被发现，平均每年以约150种计，10多年应已增加超过1500种，目前全球已命名的鱼种约在32100种。

鱼的年龄——鳞片年轮

兰兰在告诉完芳芳树的年轮问题之后，又说："其实，不只是这些树有年轮，自然界还有很多生物也有年轮。"

芳芳问："那还有哪个呢？"

兰兰说："最常见的就是我们餐桌上吃的鱼了。"

芳芳又问："树的年轮在树干里，那鱼的年轮呢，藏在肚子里吗？"

兰兰说："哈哈，当然不是了，鱼儿的年轮在鳞片上。据说，生物学家根据鳞片上环生的年轮（每轮表示过一冬），判知鱼的年龄；亦可较为正确地掌握其生长、死亡率及健康状况。"

芳芳再问："那这个怎么判断年轮呢？"

兰兰说："这样吧，我妈经常做鱼给我吃，回头处理鱼的时候，你过来，我们一起找找看。"

鱼鳞是鱼身上很重要的一部分，作为一层外部骨架，鳞既可以使鱼体保持一定的外形，又可减少与水的摩擦。为鱼体提

供了一道保护屏障，使它与周围的无数微生物隔绝，有效地避免感染和抵抗疾病。

鱼肚部的鳞能反射和折射亮光，犹如一面镜子，从而使底下凶猛的水生动物炫目，使其不辨物体，成为天然的伪装。

鱼类身体两侧大都有一条或数条由单独小窝演变成为一条管状的线，称为侧线鳞，每片侧线鳞有侧线孔，能感受水的低频率振动。硬骨鱼的鳞片通常根据其数目、大小、排列形状来鉴定鱼种，记载鳞片数目的排列方式，常用一个带分数式来表示，称为鳞式。例如，鲫鱼的鳞式为28~30表示鲫鱼的侧线鳞为28~30片，侧线上鳞为5~6片，侧线下鳞为5~7片。

除此以外，一般鱼类都是用鳞片来标记它们的年轮。

鱼类之所以会产生年轮，这主要是由于大自然年复一年

的周期性变换，决定了鱼类的成长。而鱼类生长状况的变化便在鳞片上留下了清晰的痕迹。春夏时节，鱼类的食饵丰富，水温较高，正是生长旺季，鱼类长得快，鳞片也随之长得快，产生很亮很宽的同心圈，圈与圈之间的距离远，生物学家称之为“夏轮”。进入秋冬后，水温下降，水域中食饵减少，鱼类的生长变得缓慢起来，于是鳞片的生长也随之缓慢起来，从而产生很暗很窄的同心圈，圈与圈之间的距离近，生物学家称之为“冬轮”。这一宽一窄，就代表了一夏一冬。等到翌年鱼类的宽带重新出现时，窄带与宽带之间就出现了明显的分界线。这就是鱼类的年轮。通过鳞片上同心圈的圈数可以推算鱼类的年龄。

知识小链接

生活在水中的鱼类，也大都长有“年轮”。判断鱼的年龄，可以根据鱼类的鳞片、脊椎骨、鳃盖骨、胸鳍、背鳍、耳石等部位。例如，我国东北产的大马哈鱼，用鳃盖骨来推断年龄；我国沿海产的比目鱼，用脊椎骨来推算年龄；凶猛的鲨鱼用背鳍来推算年龄；著名的大小黄鱼用耳石来推算年龄。

鱼类性别如何区分

小飞和亮亮在“吹”完雄鸟和雌鸟的区别后，亮亮并不服气，继续追问：“除了鸟儿，你知道鱼儿怎么分雌雄吗？”

小飞不好意思地说：“我又不是百度百科，怎么可能什么都知道。不过，你这么问，肯定是知道咯。”

亮亮继续说：“那当然，因为我爷爷家就是开鱼铺的，我经常在那玩，其实，鱼的公母区分有好多方法……”

鱼类品种繁多，区别雌雄的方法各有不同。要分辨鱼的性别，最简单的方法就是在鱼繁殖的季节，将鱼的腹部剖开，如果有鱼子的，那就是雌鱼。

但是我们如果想要从鱼的外表分辨鱼的性别，那该怎么分辨呢？想要光从外表来区分鱼的性别，其实还是很困难的，困为鱼的各类实在是太多了。

区别雌雄的要算软内鱼类，因为在它们的腹鳍内侧的后缘，有一个退化的生殖器叫作“鳍脚”，凭着这一牲，就能区别所有软骨鱼的雌雄性了。

硬内鱼类中，虽然大鱼难以从外形来辨别雌雄，但也有一些硬骨鱼，可认它从它们身体的大小、形状、色泽或其他一些牲来区别。例如，康吉鳗的雌鱼，体重可达45kg；而雄鱼却仅1.5kg，同年的两性体重可差30倍。怀卵满腹的凤尾鱼（鲚鱼），都是雌鱼，而雄鱼体形较小，一般都称它小鲚鱼。还有一种生活在深海里的鮟鱇鱼，一般捕到的都是雌鱼；但只要仔细观察，就可发现在雌体上寄生有极小的雄鱼。

在外表上，许多种鱼有明显的雌雄差异。例如，雌性银鱼，全身裸露无鳞，而雄银鱼在臀鳍基部上方有一排大形鳞片。鳑鱼是我国淡水中常见的一种小鱼，雌鱼腹部下面挂着一条长长的输软管，而雄鱼就没有。泥鳅也是常见的一种淡水鱼，它的雄性从外表看起来好像一模一样，但它们的胸鳍是不同的，雌鱼的胸鳍末端呈圆形，雄鱼的胸鳍末端则是类形的。生活在海洋里的鳍，从它们头部的开关，一眼就可看出雌雄：雄鱼头背高高地隆起，近似方形；雌鱼却没有这种特征。

不同鱼分雌雄有不同的方法，有些易分有些就很难分。将科鱼和灯鱼等小型鱼较好分，一般是公鱼细小、尾长、色彩美丽。有些鱼则不容易分，要到配对前后才区分。下面是金鱼雌雄的鉴别方法。

1.看“追星”

雄鱼鳃盖和胸鳍的第一条鳍表皮细胞特别肥厚，肉眼可看到整排小突起，称为“追星”。在繁殖期间，小点上还会有白点出现。追星是雄金鱼的第二性征，而雌鱼则无“追星”。

2.观体形

根据金鱼的身体长短，腹鳍形状来鉴别雌雄。雌鱼一般体短面圆，胸鳍质较软而呈椭圆形状；雄鱼体态较长，腹呈椭圆形，胸鳍较硬，呈菱形，行动较敏捷。

雄鱼也有体短的，雌鱼也有体长的，单根据此点容易出错。鱼贩们最为常用的就是此法，他可以借此推销体长、体形差的鱼。

3.探鱼腹

提鱼于手，用手指摸索肛门至腹鳍门，雌鱼柔软，雄鱼则

有一条明显的硬棱，且鳞片排列也特别紧密。

4.看行为

繁殖期雄鱼常尾随追逐，甚至用头吻雌金鱼的腹部、尾部和肛门处。

知识小链接

软骨鱼的骨架由软骨组成，虽然脊椎有部分骨化，但是缺乏真正的骨骼。软骨鱼都没有鱼鳔，只能依靠不停地游动保持身体浮起来，保证从氧气丰富的海水中摄取氧气，如果停止流动，它就会沉入海底，而无法生存。鲨鱼、鳐鱼、魟鱼和银鲛，都属于软骨鱼。

硬骨鱼是水中高度发展的脊椎动物，分布非常广泛，它的骨骼高度骨化（硬化成骨），甚至连鳞片也骨化了。另外，大部分的硬骨鱼都有鱼鳔，可以通过鱼鳔的收缩来控制身体在水中的升降。我们平时吃的草鱼、鲫鱼、鲤鱼等，都属于硬骨鱼。

飞鱼为什么会飞

天天在了解完鸵鸟的习性后，知道它们为什么飞不起来。随后，他又突发奇想，问妈妈："妈妈，鸵鸟是不会飞的鸟，那么，有会飞的鱼吗？"

妈妈回答说："当然有啊，我听说飞鱼就能飞起来，但我也一直没弄明白为什么，飞鱼又没有翅膀。"

天天说："那简单，把你手机拿来，我百度下不就知道了。"

天天果然查到了资料，原来飞鱼并不是真的会飞翔，而是会短暂的"飞行"。

在热带或温带地域的海面上，常可看到一种会飞的小鱼，人们称它为飞鱼。我国沿海常见的有燕鳐鱼、翱翔飞鱼等。它们以细小的浮游生物为食，每年四五月由赤道附近来我国海南岛东部产卵，形成飞鱼渔汛。飞鱼身体呈流线型，两侧有两个发达翼状胸鳍，向后可伸至尾部，展开时就像翅膀。尾鳍分为两叶，下叶比上叶长。

飞鱼一直是人们研究的焦点，随着科学的发展，高速摄影揭开了飞鱼“飞行”的秘密。其实，飞鱼并不会飞翔，每当它准备离开水面时，必须在水中高速游泳，胸鳍紧贴身体两侧，像一只潜水艇稳稳上升。飞鱼用它的尾部用力拍水，整个身体好似离弦的箭一样向空中射出，飞腾跃出水面后，打开又长又亮的胸鳍与腹鳍快速向前滑翔。它的“翅膀”并不扇动，靠的是尾部的推动力在空中做短暂的“飞行”。仔细观察，飞鱼尾鳍的下半叶不仅很长，还很坚硬。所以说，尾鳍才是它“飞行”的“发动器”。如果将飞鱼的尾鳍剪去，再把它放回海里，没有像鸟类那样发达的胸肌，本来就不能靠“翅膀”飞行的断尾的飞鱼，只能带着再也不能腾空而起的遗憾，在海中默默无闻地度过它的一生。

飞鱼是生活在海洋上层的中小型鱼类，是鲨鱼、鲜花鳅、金枪鱼、剑鱼等凶猛鱼类争相捕食的对象。飞鱼在长期生存竞争中，形成了一种十分巧妙的逃避敌害的技能——跃水飞翔，可以暂时离开危险的海域。但是，飞鱼这种特殊的“自卫”方法并不是绝对可靠的。在海上飞行的飞鱼尽管逃脱了海中之敌的袭击，但也常常成为海面上守株待兔的海鸟，如“军舰鸟”的“口中食”。飞鱼就是这样一会儿跃出水面，一会儿钻入海中，用这种办法来逃避海里或空中的敌害。飞鱼具有趋光性，夜晚若在船甲板上挂一盏灯，成群的飞鱼就会寻光而来，自投罗网撞到甲板上。

知识小链接

位于加勒比海东端的珊瑚岛国巴巴多斯，以盛产飞鱼而闻名于世。这里的飞鱼种类近100种，小的飞鱼不过手掌大，大的有2米多长。据当地人说，大飞鱼能跃出水面约400米，最远可以在空中一口气滑翔3000多米。显然这种说法太夸张了。但飞鱼的确是巴巴多斯的特产，也是这个美丽岛国的象征，许多娱乐场所和旅游设施都是以“飞鱼”命名的，用飞鱼做成的菜肴则是巴巴多斯的名菜之一。

大马哈鱼为什么不远千里洄游

这天晚上，菲菲一回家，妈妈就告诉她："闺女，快洗手吃饭，晚上有美食哟。"

菲菲赶紧钻进厨房："妈，这是什么？"

"这是你叔叔从黑龙江带回来的大马哈鱼，这种鱼味道可好了。"

妈妈说完，菲菲将信将疑，拿筷子尝了下，然后拼命点头。

妈妈继续说："我没说错吧，我们这边可没有这种鱼。而且，你知道吗？这种鱼的生活习性很奇怪呢，它们在淡水中出生，但要不远千里游到海洋，到产卵时再回到淡水里，这中间障碍重重，但它们却努力完成。"

菲菲瞪大了眼睛，说："还有这样的事，太神奇了，那它们为什么要不远千里洄游呢？"

鱼的种类有很多，性格也不同。例如，鲨鱼性格残暴，爱吃比自己小的任何物体。和鲨鱼比起来，大马哈鱼它不残暴，也不温和，而且它始终记得自己出生的地方。那大马哈鱼不远千里洄游是为什么呢?

大马哈鱼的祖辈原本生活在寒冷地区的河流中，但是那里食物匮乏，为了觅食和种族繁衍，它们不得不顺河而下，一直游到海洋中去觅食，成长。海洋中有着丰富的食物，它们在那里自由自在地生活。然而漫长的岁月并没有使它们完全适应海洋生活，随着它们身体的长大成熟，它们的思乡之情越来越强，无论离开出生地多远，也要返回故乡生儿育女，因为幼年的大马哈鱼离不开故乡的哺育。

大马哈鱼的回乡之路漫长而充满了艰辛，并且途中还要经过数米高的瀑布和其他许多障碍。但是，无论困难有多大，它们都百折不挠、勇往直前。它们有着极灵敏的嗅觉器官，故乡的气味吸引着它们一直游回去。它们要游数千里才能抵达产卵地。刚开始出发的时候，它们身体丰满、肤色俊美、精力充

沛。它们的速度很快，溯河而上每昼夜可行40km。经过日夜的长途跋涉，经历了千辛万苦，它们终于回到久别的故乡。然而，这时的大马哈鱼已经疲惫不堪，整个身体暗淡无光，背部瘦得像驼峰一样突出来，下颚向内变成钩状，又大又长的牙齿裸露在外，呈现出一副狰狞的面孔。即使这样，它们还在积极地筹划自己的婚礼。开始时它们先在清澈的溪流里嬉闹玩耍，然后成群结队地聚集在一个个小石坑中，在那里雌鱼先产下卵子，雄鱼将精液洒在上面，这是大马哈鱼一生中最辉煌的时刻。生殖完毕的大马哈鱼已经筋疲力尽，在故乡甘美的水中走完生命的旅程，慢慢地死去。这时河里面布满了成千上万的大马哈鱼的尸体，它们的后代就在这里孵化、生长。

大马哈鱼的卵子比一般的鱼要大得多，直径有7mm，里面含有丰富的营养成分供给小鱼的发育。其胚胎发育期很长，需要3～4个月的时间小鱼才能从卵膜中孵化出来。刚出壳的小鱼就有2cm左右，肚子底下还拖着残留的卵黄为它的继续发育提供营养。待长到4cm左右，它们才纷纷离开孵化窝到附近的水里去觅食小动物，有时它们父母的尸体也会成为它们的食物。小大马哈鱼孵出的日子正是早春时节，天气还很冷，其他鱼类都没有苏醒过来，环境对它们来说是安全的。等长到

6cm后，它们便要离开它们的故乡顺着急流向着大海的方向出发了。

知识小链接

大马哈鱼，属鲑科鱼类，是鲑鱼的一种，是著名的冷水性溯河产卵洄游鱼类。它们出生在江河淡水中，却在太平洋的海水中长大。每年秋季，在我国黑龙江、乌苏里江和图们江可以见到这些大马哈鱼。大马哈鱼是肉食性鱼类，它们本性凶猛，到大海后以捕食其他鱼类为生。而在幼鱼期则以水中底栖生物的水生昆虫为食。大马哈鱼可以长到6kg，素以肉质鲜美、营养丰富著称于世，历来被人们视为名贵鱼类。深受人们的喜爱，其卵也是著名的水产品，营养价值很高。

金鱼为什么要跳出鱼缸

周末这天，小夏来爷爷家吃饭。其间，爷爷奶奶在厨房做饭，小夏在房间里自顾自地玩耍着，突然，浴缸里的金鱼一跃而起，摔在了地上。

小夏着急地大喊：“爷爷，爷爷，快来啊！”

爷爷锅铲还没放下就冲到客厅，他以为孙子出了什么事，吓得一身汗，看到完好无损的小夏，才淡定下来，然后问：“怎么了？哎呀，你真是吓死我了。”

“你看。”小夏指了指地上的金鱼。

爷爷见状，赶紧把金鱼捡起来，然后拿来玻璃器皿，在里面放入新鲜的水，再把金鱼放进去，稍后再把鱼缸的水换掉，还插上了增氧泵，再把器皿中的金鱼放进去。

小夏很疑惑，问爷爷：“爷爷，金鱼为什么会跳出来？”

爷爷说：“因为金鱼缺氧了，不舒服，所以要跳出来啊。我刚才给鱼缸换水，就是想让金鱼舒服点。”

鱼经常跳出鱼缸的主要原因是缺氧。出现这种现象往往是雷雨天或较长时间的阴雨天气。在这种天气情况下，人们也常常感到胸闷气短、呼吸不畅。

面对鱼缺氧的情况，我们可以采取以下措施：

第一，每天傍晚前换水。换水时，先抽出缸底沉渣老水的1/3，然后沿缸壁缓缓注入等量等温经日晒或静置两天以上的新水。

第二，每天早晚两次开增氧泵增氧，每次半小时。

第三，水面与缸沿留出一定距离。方形缸约两寸，圆形缸起码1寸。

第四，一只缸内喂养的金鱼不要太多（以直径30cm的圆缸为例，最好喂养两寸左右的金鱼一对）。

那么，我们该如何换水呢？

1.一般换水

正常情况下，特别是炎热的夏天，每天只要坚持将鱼池（缸）底部的粪便和脏物连同陈水，用胶管轻轻吸出1/10~1/5，清除水面灰尘及浮出的粪便，然后沿池（缸）壁徐徐注入等温的新水，保持水质的清洁即可。这种换水方法不易伤及鱼体，方法简便而安全，最适用于家庭鱼缸或小池养鱼者应用。

2.部分换水

这种换水方法主要在两种情况下进行：一种情况在炎热的夏季和初秋，鱼池（缸）中的饲水换了没有几天，而水色转绿极快（饲料投喂量偏少的缘故），水质尚清洁的情况下，为了防止金鱼烫尾，可把池（缸）中的金鱼全部捞出来，然后把池（缸）中的水弄成螺旋形转动，待静止片刻后，把池（缸）中央的污物和陈水用橡皮管吸去1/3~1/2，然后注入等温、等量的新水，再把金鱼捞入原池（缸）内饲养。另一种情况是池（缸）中的水才换没有几天，水色尚好，可因为当天喂食量过多，出现浮头的情况下，必须采取紧急措施。换水的办法和上面讲的相同。

3.彻底换水

这种换水往往是结合翻池（缸），挑选幼鱼或成鱼的同时进行的一种换水法。常常是由于水质严重败坏或青苔过长，鱼过密的情况下才采用的。具体有两种方法：

（1）在没有空闲池的情况下，将全部金鱼捞入盆内或者把网箱放入邻池水中暂养，在盆内或网箱内加入增氧头增氧。然后，刷去原池壁上的青苔，彻底冲洗干净以后，重新注入等温新水，静置片刻待水温相等后将鱼捞入原池（缸）内。

（2）如果有空闲池和新水时，则只要将全部金鱼捞入盆或网箱内，分别挑选处理好，该分池的分池，不分池的待水温相等后就可将金鱼移入新水内饲养。这种换水方法应特别注意水温，最好选择晴天的早晨9时前进行。不过此法一般只适用于成鱼或较大的幼鱼，仔鱼不宜使用。如果条件许可，在彻底换水前，可先在备用的池（缸）中盛满伏水，然后把鱼直接捞入备用池（缸）内为好。这样水温变化小，鱼群容易适应新环境，使鱼免受盆内或网箱内挤轧之苦。这种换水方法，在春、秋季节一般每隔半个月左右进行一次。夏季大伏天气、水温高达28℃以上，在水色极易浓色、水质很易混浊的情况下，一般4~7天应彻底换水一次。冬季水温降至4℃左右，金鱼活动缓慢，食欲减少，水质不易败坏，无特殊情况一般不全部换水。

知识小链接

在人类文明史上，中国金鱼已陪伴人类生活了十几个世纪，是世界观赏鱼史上最早的品种。金鱼易于饲养，它身姿奇异、色彩绚丽，一般都是金黄色，形态优美。金鱼能美化环境，很受人们的喜爱，是具有中国特色的观赏鱼。

在一代代金鱼养殖者的努力下，中国金鱼至今仍向世人演绎着动静之间美的传奇。金鱼在我国民间还有另外一种说法：到过年的时候家里买上两条金鱼供着，可以在来年金玉满堂、年年有余。

第7章

动物王国，揭开奇异现象背后的秘密

我们生活的地球，是“热闹”的，有花、鸟、虫、鱼，有人类，还有形态各异的动物，这些动物大小不一、性格不同、生活习性差异很大，任何一个对自然科学有兴趣的人，都对动物世界充满疑问。例如，长颈鹿的脖子为什么这么长？大象的长鼻子有什么作用……这些疑问，我们都能从下面这一章中找到答案。

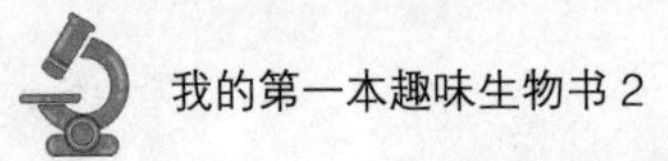

长颈鹿为何有这么长的脖子

周六这天，媛媛起床后，来到妈妈房间，看到妈妈在试戴一条项链，爸爸看到女儿起床了，也跟着进来。

妈妈问爸爸：“张先生，你觉得我戴着好看吗？”

爸爸：“不好看，你脖子太短了。”

妈妈：“一边去，长颈鹿脖子还长呢，它戴项链好看吗？”爸妈的“舌战”逗乐了媛媛。

媛媛顺势想到了一个问题，便问：“爸爸，长颈鹿为什么有那么长的脖子呢？”

要说所有动物里脖子最长的，那肯定是长颈鹿了，而且，它们还是世界上现存最高的陆生动物。长颈鹿站立时由头至脚可达6~8m，体重约700kg，刚出生的幼仔就有1.5m。那么，长颈鹿的脖子为什么这么长呢？

曾有人给一头特别大的长颈鹿量过，其高度竟达到近6m。长颈鹿相貌奇异，体态优雅。它十分警觉，行动极为灵活，长在头上的突出双眼可以同时观察四周的情况，四条硕长的腿支撑着

将近一吨重的躯体，奔跑起来，时速能达到60km。在非洲的草原和森林交接处的树林间，可以看到它们嚼食树叶的情景。

在远古的进化初期，长颈鹿的躯体只有小鹿大，活跃在欧、亚、非大陆上。随着地球发生的变迁，长颈鹿的生存地渐渐集中在非洲东部的少数地区。生物学家在研究长颈鹿的进化时认为，长颈鹿的祖先，世世辈辈以青草为食。但在受到干旱等灾害时，大片草原枯荒，为了生存下去，长颈鹿就要时刻努力伸长脖子，吃树上的嫩叶子，那些脖子短的长颈鹿吃不到树上的嫩叶，慢慢地被自然淘汰。就这样，经过许多世代以后，长颈鹿的脖子就慢慢变长，最后终于成为现在的样子。长颈鹿的硕长脖子对于警戒放哨、了解敌情和寻求食物是必不可少

的。在前进的时候，长颈鹿的长脖子还能用于增大动力，在漫步、跑动时，脑袋就被置于前方，借以往前推移它的重心。在一个长颈鹿种群之中，一定历史时期有一个脖子的平均长度，但是肯定也存在比平均值高的和比平均值低的。按照正态分布，长于平均的和短于平均的都占少数，而在平均值附近的占绝大多数。

长颈鹿的长颈和长腿也是很好的降温“冷却塔”。它们生活在炎热的热带草原，由于它的表面积大，有利于热的散发，因此能很好适应周围环境。肺容量也大，有利于呼吸新鲜空气，排出废气。

其实，脖子长未必是好事，长颈鹿饮水时就十分不便。它们要叉开前腿或跪在地上才能喝到水，而且在喝水时十分容易受到其他动物的攻击，所以群居的长颈鹿一般不会一起喝水。

知识小链接

目前，世界上现存的长颈鹿总数约为45万头。长颈鹿独特的身躯和体态，没有任何一种动物可以与之相比，因此受到人们的喜爱。动物学家认为长颈鹿是有蹄类（偶蹄目）动物中最为聪明伶俐的角色。如今，文明社会对大自然的侵袭日益严重，长颈鹿性情温驯，不像犀牛会毁坏家业设施；不像狮子群会践踏大片作物和毁掉树林；也不像狮子和豹子咬死牛羊，伤害人类，长颈鹿也不去同牛羊争吃青草。

人吃生肉会生病，动物为何就不会

这天，小凯和爸爸像往常一样晨练，在回来的路上，他们顺便在超市买了些东西。

到了小区后，他们看到邻居王大爷家的猫咪躺在路中间，还冲着小凯“喵，喵”地叫，爸爸见状，从手提袋里拿了一小块牛肉扔给猫咪。小凯惊奇地说：“这是生的耶！”

“是啊，怎么了？”爸爸问。

“难道它吃了不拉肚子吗？”小凯反问。

“它是猫啊，怎么会拉肚子。猫的消化系统和我们人类不同，再说，这是家里养的猫，如果是外面的流浪猫，哪有猫粮和熟食呢，都是生的，它们不是活得好好的吗？”爸爸解释道。

“也是，今天您还真给我上了一课。”

对于我们中国人来说，一般吃肉类的时候都会进行烹制，很少有人会吃生肉，一方面是口感不佳，另一方面是吃了生肉我们的身体会出现一些不良反应，如拉肚子、呕吐等。但为何很多动物却能吃生肉呢?

其实，吃生肉会不会生病还是要看消化系统的，动物的消化系统与我们人类的不同。科学家曾指出：每一种动物都有不同的生理结构，只适合吃某一类食物。

脊椎动物可以按照其不同的饮食习惯分为三类：食肉类、食草叶类、食水果类。

对于肉食兽（包括狮子、狗、狼、猪等）而言，它们的生理构造十分独特，与其他动物差别很大，消化系统也不同，这样其实是有利于食物的消化的，因为对于生肉、腐烂的肉来说，它们在身体里停留的时间越短，对身体的伤害越小，如果让它们存留体内时间稍长，会毒害血液系统。因此，肉食动物的消化道都很短，好使肉类腐烂后产生的毒素不致毒害自己；肉食动物的胃也含有大量盐酸来消化肉类的纤维和骨骼，这些盐酸的分量比素食动物高10倍。

像狗和猫这种家养的宠物经常处在人类和野生同类之间，从而对食物有一些不同的处理方式。

猫主要靠细心来保护自己，这依赖于它们灵敏的嗅觉，嗅觉可以警告它们食物是否是“变质的”。如果有必要，猫也会吃草来使自己呕吐。狗是清道夫，可以吃任何东西，因为它们的消化系统难以置信的强悍，足以应付几乎所有的东西，但是

它们在吃了有害的东西后也会呕吐。人类没有动物那么好的消化功能，所以我们要吃熟肉，因为那样的味道更好，而且危险性更小。

食肉的动物与其他动物不同，它们会在夜间外出觅食，而在白天休息，它们也不需要汗腺来令身体降温，不会透过皮肤出汗，而是由舌头处流汗。

素食的动物却不同，它们一天到晚大多数时候在觅食，要在烈日之下活动，因此透过皮肤流汗，牛、马、鹿、象等都是这样。

由此可知，人类的生理构造与消化系统显示，人类已经过了千万年的进化过程，一直都是在吃水果、硬壳果、谷类、蔬菜过活。

知识小链接

野生的动物一直在吃生肉，而且已经数万年了。而人类则通常要将肉煮熟了才食用，这是因为我们更喜欢熟肉的味道，也是为了保护我们的肠胃不受伤害。

动物通常吃新鲜的生肉，肉是否被污染，时间因素非常重要。人类对肉中的微生物只有非常低你的耐受力，动物对那些污染物则有更好的耐受力，所以吃生肉会让我们生病。

鸡为什么总爱啄小石子

周六一大早，爸爸妈妈将爷爷奶奶从老家接来了，还带了老家散养的土鸡，奶奶说宰了给星星吃。星星觉得有趣，就说先在阳台上养几天。

午饭前，妈妈和奶奶在厨房做饭，星星在阳台上逗鸡完，他从厨房拿来了米粒、菜叶，鸡一会儿就吃完了，然后就开始啄花盆里的石子，难道鸡没有吃饱？星星又从厨房弄了些米粒来，谁知道，鸡吃完后，又开始啄石子，星星很不理解，跑到厨房问妈妈。

妈妈说：“这是因为鸡的消化系统和我们人类不同，它啄石子是为了加速消化……”

细心的你可能会发现，鸡爱在地上东啄西挖，拣沙粒或小石子吃。一些小朋友以为小鸡饿了，马上喂米粒、面包或菜叶给它吃，可是食物再丰富，它还是要去寻找沙粒和小石子吃。鸡为什么有这个“怪脾气”呢？

原来，鸡不像其他哺乳动物那样长有牙齿，可以磨碎食

物，帮助胃肠消化。即使啄进胃里的食物再软，也不容易在胃里磨碎，因此，鸡要啄食一些小石子之类或其他较硬的东西。这些东西加上胃的蠕动，啄进胃里的食物就能很快地被消化掉了。

所以，鸡会啄食沙石，是用来帮助消化食物的。

鸡被放养在野外时，身上可能会沾染许多灰尘或是脏东西，因此摸了鸡以后，假如不洗手便摸眼睛，灰尘或脏东西上的细菌便会引起眼疾。

知识小链接

鸡与其他鸟类一样，没有牙齿，在消化食物的过程中需要有硬质的东西来帮助它们磨碎食物。人们在杀鸡的时候，剖开鸡肚，会发现里面的肌胃或者“砂囊”（俗称“鸡肫”），它就是鸡储存石子的地方。鸡肫极其坚韧，它的内壁上还有一层黄色而且坚韧的皱皮。当食物进入鸡肫之后，它们就与小石子混合在一起。在鸡肫里面，沙石和食物反复摩擦，食物被逐渐磨碎，变得容易消化。

斑马身上为何是条纹状的

妞妞是个爱美的女孩子，只要她穿上新衣服，心情再不好，也能立即笑出来。妞妞的爸爸妈妈也经常给她买衣服。

这不，周五晚上，妈妈又给妞妞带回来一身运动服，但谁知道，妞妞并不喜欢。

妞妞说："这个太花了，穿上就是一只斑马了。"

爸爸却说："斑马怎么了，很可爱呀，而且，我看街上好多小姑娘都这样穿，今年很流行这类斑马纹的衣服呢。不信你试试看，保证效果很好。"

妈妈说："就是啊，如果你喜欢，我还打算买一套亲子斑马服呢，你想，走在街上多拉风，我们还可以穿上一起拍照，我想，你们班女同学一准会问你从哪儿买的。"

听爸爸妈妈这么说，妞妞试了试新衣服，不试不知道，试过才知道确实不错。

妞妞边照镜子，边说："不过，我还没见过真的斑马呢。你们说，斑马的身上为何是条纹状的呢？"

在电视节目中，当我们看到非洲大草原时，就会看到一群群的斑马。斑马给我们最直观的印象是它们身上有着漂亮而精致的条纹。那么，它们身上的条纹是怎么来的呢?

原来，在雌兽的妊娠早期，一个固定的、间隔相同的条纹形式就已经确定在胚胎之中了。以后在胚胎发育的过程中，由于身体各部位发育的情况不同，因此幼崽出生后，各部位所形成的条纹也就不一样了，有的宽阔，有的狭窄。例如斑马颈部的条纹较宽，所以颈部的最早条纹形式必须在胚胎发育的第七个星期，颈部伸长之前确定；近鼻孔处的条绞很细，所以这个部位最早的条纹形式必须在胚胎发育的第五个星期，鼻子扩大之前确定；臀部的条纹最宽，说明臀部与身体的其余部分是成比例发展的。另外，条纹也不能早于胚胎发育的第五个星期之前出现，因为斑马长着一条具有条纹的尾巴，而这条尾巴在胚胎发育的第五个星期以前尚未出现，这时胚胎的长度大约为32mm，条纹的数目约为80个，据此可以推算出最初确定的每个条纹的宽度大约为400μm，即每一个条纹有20个胚胎细胞的宽度。至于它四肢上的条纹为什么呈水平方向，则可能是腿部在胚胎发育过程中，所有的条纹机械地转过一个角度而形成的。

斑马身上的条纹是同类之间相互识别的主要标记之一，更重要的则是形成适应环境的保护色，作为保障其生存的一个重要防卫手段。在开阔的草原和沙漠地带，这种黑褐色与白色相间的条纹，在阳光或月光照射下，反射光线各不相同，起着模糊或分散其体形轮廓的作用，展眼望去，很难与周围环境分辨开来。这种不易暴露目标的保护作用，对动物本身是十分有利的。

知识小链接

斑马有很强的社会性，属于群居动物，它们一同觅食（主要是草），甚至彼此梳理皮毛。斑马组成群体栖息，即使年老的个体也不会被驱逐出群体过独居生活。但群体通常不大，最多也就是10只，多由雌兽和未达到性成熟的雄、雌幼崽所组成，群体紧凑而不松散，幼崽们喜欢在一起玩耍、撕闹，或与雌兽在一起嬉戏。成年雄兽通常过独居的生活，所占的领地大约有10km^2，用排出来的粪便作为领地边界的标记，只有在雨季等候雌兽来到身边时，才一起过上一段夫妻生活，然后雌兽又会回到群体中。

熊猫是熊还是猫

奇奇小学毕业前的最大愿望就是去北京动物园熊猫馆，他一直想亲眼看看我们的国宝——大熊猫。平时，他只能在电视上看到，每每看到熊猫憨态可掬的样子，奇奇开心极了。

这天，《新闻联播》又报道了大熊猫的情况，奇奇和爸爸妈妈看得出神，随后，奇奇问："妈妈，你说大熊猫到底是熊还是猫呢？"

"应该是熊吧……"

提到熊猫，我们都知道，熊猫性情温和、憨态可掬，行动逗人喜爱，是人们最喜欢的野生动物之一，也是国家一级保护动物。不过，熊猫这一动物是怎么来的呢？熊猫是不是猫呢？

大熊猫，属于食肉目、熊科、大熊猫亚科和大熊猫属唯一的哺乳动物，体色为黑白两色，它有着圆圆的脸颊，大大的黑眼圈，胖嘟嘟的身体，标志性的内八字的行走方式，也有解剖刀般锋利的爪子。是世界上最可爱的动物之一。

大熊猫已在地球上生存了至少800万年，被誉为"活化石”，是世界自然基金会的形象大使，也是世界生物多样性保护的旗舰物种。据第三次全国大熊猫野外种群调查，全世界野生大熊猫不足1600只。截至2018年11月，我国圈养大熊猫数量为548只。大熊猫最初是吃肉的，经过进化，大都吃竹子，但牙齿和消化道还保持原样，仍然划分为食肉目。野外大熊猫的寿命为18～20岁，圈养状态下可以超过30岁。

熊猫亦称“猫熊”“大熊猫”，属猫熊科。它们的血缘关系和熊相近，并且，熊猫真正的学名是猫熊，但在当时，人们习惯性的语言习惯是从右往左念，所以当时记者们在报道熊猫时就把“猫熊”读成了“熊猫”。后来，熊猫的称呼就传开了。

在距今几十万年前的时间是大熊猫的活跃时期，在我国东部，随处都有大熊猫的身影，只是后来熊猫逐渐灭绝。直到今天，大熊猫因为其稀缺性和一直保持古老的特征而被称为“活化石”，如今大熊猫分布范围已十分狭窄，现今只能在我国的凉山、秦岭南坡、岷山、邛崃山、大小相岭等局部地区找到大熊猫的身影。目前我国政府已采取了一系列有效的保护大熊猫的措施。并且，大熊猫今后的繁衍和生存工作，也正在引起人们的重视。

知识小链接

大熊猫栖于中国长江上游的高山深谷，为东南季风的迎风面，气候温凉潮湿，其湿度常在80%以上，它们是一种喜湿性动物。大熊猫生活的狭长地带，包括岷山、邛崃山、凉山、大相岭、小相岭及秦岭等几大山系，横跨川、陕、甘3省的45个县（市），栖息地面积达20000km^{2}以上，种群数量约1600只，其中80%以上分布于四川境内。它们活动的区域多在坳沟、山腹洼地、河谷阶地等，一般在20°以下的缓坡地形。这些地方森林茂盛，竹类生长良好，气温相对较为稳定，隐蔽条件良好，食物资源和水源都很丰富。

从来不喝水的动物——考拉

奇奇在了解了熊猫的属性后，继续问：“妈妈，熊猫是我国的国宝吧？”

妈妈：“是啊，毫无疑问。”

“那澳大利亚的国宝呢？”

妈妈：“这我还真不知道。”

“我知道。”奇奇自豪地说。

“你就直说吧，也许我听过。”妈妈追问。

“考拉，听过没？”

“啊，我知道，考拉从来不喝水哟，抗旱能力很强的。”妈妈说。

“对呀对呀，我原来以为最能抗旱的是骆驼呢，后来我同学告诉我考拉更抗旱。”

我们都知道，人类每天都需要喝水，很多动物也是，水是生命之源，没有水，我们就无法生存。但是你知道吗？原来世界上还有从来不喝水的动物。它就是考拉。

考拉，也就是树袋熊，是澳大利亚的国宝，也是澳大利亚奇特的珍贵原始树栖动物。

考拉是一种生活习惯很特殊的动物，它们生活在树上，性情温和，模样憨厚，有一对毛茸茸的耳朵，浑身长着灰色的短毛。这种小动物有一个与“众”不同的特点，就是从来都不喝水。

在澳大利亚土著语里，“考拉”的本意就是“不喝水”。那么，它真的不喝水吗？没错，考拉的确可以几个月滴水不进，有的考拉甚至可以一辈子不喝水。考拉的主要食物是按树叶，对它来说，桉树叶里面的水分已是绰绰有余了。因此，考拉只生活在有桉树生长的地方，并且对桉树叶非常挑剔。澳大利亚有600多种桉树，但考拉只吃生长在澳大利亚东部的35种桉树叶，有些考拉甚至只吃两三种桉树叶。

考拉其实不是熊，属于有袋类哺乳动物。身上的袋子是专门用来哺育小宝宝的。考拉温和可爱，滑稽笨拙，是世界上最可爱的动物之一。在澳大利亚，人们把考拉视为欢乐与祥和的象征。

然而，数百万年前，考拉的祖先却是生活在热带雨林中，长期的进化使得考拉逐渐地退出原有的栖息环境。野生的考拉只会在适合其居住的地方出现，其中有两个重要的因素必不可少，其一是居住地必须有考拉首选采食并有适宜的土壤和降雨来保证生长的树种（包括非桉树树种）存在，其二是早已有其他的考拉在此定居。

考拉在生活中有几个天敌，其中之一是澳大利亚犬（dingoes），当考拉为了要从一棵树到另一棵而在地上行走时，不论是成年考拉还是小考拉，都有可能受到澳大利亚犬的伤害；而小考拉有时则会受到老鹰（wedge-tailedeagles）及猫头鹰的攻击；其他像是野生的猫、狗以及狐狸，也都是树袋熊的天敌。考拉每天要睡20小时，另外4小时中，2小时吃树叶，2小时发呆。多数考拉都是摔死的，因为它们老了之后就会因为抓不住树而掉下来。

受到人类道路、交通的影响，树袋熊的栖息地不断减少，而栖息地的破坏则是对树袋熊生存最大的威胁。如果考拉生活在偏远地带或靠近主要公路，极有可能遭遇车祸及被狗攻击。澳大利亚考拉基金会估计，每年至少有4000只考拉死于车祸和狗的袭击。

知识小链接

考拉性情温驯、行动迟缓，从不对其他动物构成威胁。考拉反应极慢，这个动物反射弧好像特别的长。曾经有人尝试，用手捏考拉一下，考拉经过很久的时间才惊叫出声。无论是白天还是夜晚，当处于安全的家与树上的时候，考拉会自然地呈现出各种不同的坐姿和睡姿，同时也会因为躲避太阳或享受微风向而不停地在树上移动。天气炎热时，考拉会摊开四肢并微微摇摆，以保持凉爽，而天气变冷时，则会将身体缩成一团以保持体温。

沙漠之舟——骆驼在沙漠中的生存奥秘

奇奇和妈妈聊着考拉的问题。

妈妈继续说："其实骆驼确实挺能抗旱的，它被称为'沙漠之舟'。在古代，甚至现代，骆驼也是沙漠的重要运输方式。"

奇奇挺好奇，所以问："那它为什么能这么抗旱呢？"

"因为骆驼一般不出汗，所以它血液中的水分保持良好，不容易脱水，血液循环就好。"

在沙漠中一般动物难以生存，而骆驼却有对付沙漠环境的秘方：脚掌生有宽厚的肉垫，在沙地上行走时不会下陷；背上有两个驼峰，储存大量脂肪；胃中有数十个储水囊可储存水分；耳内密存的短毛，能阻挡沙尘进入耳朵；它灵敏的嗅觉能觉察到远处的水源……

骆驼对于游猎民族来说是极为重要的交通工具，而且游猎民族能在干旱、炎热的沙漠地区生存下来，骆驼也有着不可磨灭的功劳。早在几千年前骆驼就被驯服来为人们服务，而且骆驼的奶、头皮等对人类都有很大的好处。骆驼一直就有"沙漠

之舟”的美誉，它在炎热和缺少水源的条件下，每天能行走30多千米的路程。它们是人们穿行在沙漠中的重要工具，能在沙漠中这样随意行走，这与它抗旱的特性有很大的关系。那么，骆驼到底为什么这样耐热呢？

骆驼之所以能够适应恶劣的环境，它不怕炎热、耐干渴、耐饥饿，那是因为有它自己的生理特性。据专家研究：首先，骆驼一般不出汗，因而它血液中的水分保持良好，不容易脱水，血液循环就好。其次，骆驼全身有细密而柔软的绒毛，它既可保温，又可防暑。骆驼每年夏季虽然都要脱毛，但是它身上还要保留一层厚厚的毛层，像一层毛毡一样可以抵御太阳的暴晒，气温再高，毛层下的温度也不会超过40℃。再次，骆驼因为有满是脂肪的驼峰，可以帮助骆驼调节体温，冬天保温，夏天隔热，昼夜体温可以相差6℃，即夜间是34℃，白天是40℃。最后，与骆驼自身的耗水较少也有一定的关系。一般情况下，骆驼是轻易不开口的，甚至在最热的天气，它每分钟的呼吸也仅仅只有16次，凉爽的时候呼吸只有8次，这样就不会消耗太多的水分。

骆驼有惊人的耐力，在气温50℃、失水达体重的30%时，还能20天不饮水；它还能负重200kg以每天75km的速度连行4天。骆驼的驼峰是用来储存脂肪的，最多时能盛50公斤脂肪，

约占体重的1/5。骆驼的胃和肌肉能储存一定量的水，它的一个胃一次可储水近百公斤。因而，在一时找不到食物和水的情况下，它可以动用储存的脂肪和水维持生命。另外，骆驼的嗅觉特别灵敏，能在1.5km内辨察和感觉到远处的水源，在茫茫的沙漠里，这个本领可谓至关重要。

骆驼不仅能够反刍，即可以反复咀嚼它胃里的食物，在没有可吃的东西的时候不至于挨饿，它还有一双不怕风沙的眼睛。因为骆驼是重睑，即使再狂暴的风沙它也照样可以在沙尘暴中悠然行走。而且它还有预报大风的本领。据《北史》记载："且末西北有流沙数百里，夏日有热风，为行旅之患。风之所至，唯老驼预知之，即嗔而聚立，埋其口鼻，其风迅驰，

斯须过尽，若不防者，必至危毙。”

骆驼的消化功能好，不挑食物，戈壁滩上的骆驼刺、苦艾、假木贼、羽毛草等，都是它所喜爱的；它一次可将100L水一饮而尽，然后几天滴水不进也没关系。即使在沙漠戈壁碰到苦涩的咸水，它也毫不在意地豪饮。每次在出行前，驼工都要喂它一些盐，这样可以让它多喝一些水，存储在它的身体里，从而更增加了它的耐渴能力。

骆驼除了以上的特长以外，它的嗅觉还十分灵敏，如果在行进中嗅到远处有水的气味，它会高昂起头颅，贪婪地嗅个够，然后义无反顾地大踏步向那里奔去。据张华的《博物志》记载：“敦感煌西度流沙，往外国千里无水，时有伏流处，人不能知，橐驼知水脉，过其处辄停不行，以足踏地，人于所踏处掘之即得。”这说明骆驼还有寻找地下水的本领。李时珍的《本草纲目》也称骆驼“能识泉脉、水脉、风候，凡伏流，人所不知，驼以足踏虚即得之”。

知识小链接

骆驼在动物学上属于哺乳纲，偶蹄目，骆驼科，是一种反刍动物。骆驼耐饥耐渴、性情温驯、不畏风沙、善走沙漠，被世界公认为“沙漠之舟”，是沙漠地区必不可少的交通运输工具。

海洋之舟——企鹅为什么不怕冷

今年冬天好像特别冷，这不，早上出门时，妈妈将玲玲裹得严严实实的，生怕她冻着了。

傍晚回家后，因为家里开了空调，玲玲赶紧将厚羽绒服脱掉了，妈妈赶紧过来，说："你怎么脱了外套，小心感冒啊，这么冷的天儿。"

"真不能这样穿啊，我们班同学都说我像南极来的。"

"什么意思？"

"企鹅呀。"玲玲笑着说。

"企鹅不怕冷，但是我们人类怕冷啊，快，再穿件，别真的冻着了。"妈妈边说着，已经拿起了被玲玲脱掉的羽绒服。

"好吧，不过妈妈，企鹅不穿衣服为什么不冷呢？"玲玲一边穿一边说。

"因为企鹅的羽毛与其他动物不同啊……"

企鹅有"海洋之舟"的美称。全世界的企鹅共有18种，大多数分布在南半球，属于企鹅目，企鹅科。特征为不能飞翔；

脚生于身体最下部，故呈直立姿势；趾间有蹼；跖行性（其他鸟类以趾着地）；前肢成鳍状；羽毛短，以减少摩擦和湍流；羽毛间存留一层空气，用以保温。背部黑色，腹部白色。各个种的主要区别在于头部色型和个体大小。

企鹅是一种最古老的游禽，它很可能穿上冰甲之前，就已经在南极安家落户。南极陆地多，海面宽，丰富的海洋浮游盐腺可以排泄多余的盐分。企鹅双眼由于有平坦的眼角膜，所以可在水底及水面看东西。双眼可以把影像传至脑部做望远集成使之产生望远作用。企鹅是一种鸟类，因此企鹅没有牙齿。企鹅的舌头以及上颚有倒刺，以适应吞食鱼虾等食物，但是这并不是它们的牙齿。

企鹅身体的大部分区域都受到温暖的防水羽毛保护，处于一种舒适安逸的状态。皮肤下的脂肪则构成一个隔热层。脂肪和羽毛的保温性能极高，可能会让企鹅在阳光明媚的日子里体温过高。庆幸的是，赤裸的喙和脚消除了这种担忧，能将热量散发出去，帮助企鹅保持稳定的体温。

企鹅是人见人爱的动物，给人的感觉是，它们就好像穿了一件男士无尾晚礼服。如果要为企鹅准备一双路夫鞋，那一定是特大号的。但对于这些温血鸟类动物来说，鞋子并不在它们的着装要求之列，因为赤露的脚能够防止这些庄严的冰上皇帝因温暖的“外套”出现体温过高的情况。

那么，企鹅为什么不怕冷呢?

（1）企鹅羽毛的密度比同体形的鸟类大3~4倍。

（2）企鹅羽毛是重叠、密接的鳞片状。南极企鹅身被一层羽毛，仔细看这一层羽毛可以分为内外两层，外层为细长的管状结构；内层为纤细的绒毛。它们都是良好的绝缘组织，对外能防止冷空气的侵入，对内能阻止热量的散失。

（3）企鹅除了多层羽毛还有多层隔热的脂肪，以帝企鹅为例，其身体外表面的温度甚至比外界的温度还低，可低到-40℃以下，但体内的温度却可以保持在39℃，其脂肪层为3~4厘米，1.2米的个子可达到50kg的体重。

知识小链接

企鹅通常生活在赤道以南，人迹罕至的地方才能看见它们。有些企鹅住在寒冷的地方，有些企鹅则住在热带。但企鹅其实并不喜欢热天气，只有在寒冷的气候中，它们才会快活。所以，在遥远的南极洲沿岸冰冷的海洋里，那儿住着最多的企鹅。企鹅的栖息地因种类和分布区域的不同而异：帝企鹅喜欢在冰架和海冰上栖息；阿德利企鹅和金图企鹅既可以在海冰上，又可以在无冰区的露岩上生活；亚南极的企鹅，大都喜欢在无冰区的岩石上栖息，并常用石块筑巢。

大象的长鼻子有什么功能

这天晚上，悠悠一家人在看电视，突然，爸爸的手机响了。

爸爸看了看手机，说：“悠悠，过来看看，你姑姑在泰国玩得多开心。”悠悠凑过去，原来是姑姑给爸爸微信上发了张照片，照片上是姑姑和大象在一起的场景。

悠悠赶紧说：“我也想去泰国玩，看看大象。”

爸爸说：“不急，等你姑姑回来，问问具体的旅游攻略，暑假的时候我们就带你去。”

“好呀好呀，不过爸爸，你说大象为什么会有那么长的鼻子，它的长鼻子有什么用吗？”

根据自然选择学说，大象祖先的鼻子变得越来越长，是因为长鼻子对它们的生存有优势。那么，大象的长鼻子有上述这么多的用处，究竟哪一个是促进它进化的关键呢？

现存的三种大象（亚洲象、非洲草原象和非洲森林象）自己组成了哺乳动物的一个目——长鼻目，那条长长的鼻子是大

象最引人注目的特征。大象的鼻子就像人的手一样有用，大象用它来抓住食物送到嘴里吃，用它吸水（一次能吸14L）喝或冲澡，用它当武器鞭打或抛掷敌人，用它擦眼睛，用它向情敌示威，用它相互爱护、打招呼，例如两头大象见面时会相互握鼻子，就像人见面握手一样……

大象的鼻子还有一个平时不会用到的作用。大象有时要横渡河流或湖泊，这时它会在河底或湖底走，即使河水、湖水很深，深到把它淹没了，也难不倒它，因为它可以把鼻子伸到水面上呼吸，就像一根通气管。其实大象也是游泳高手，能游几个小时，本来不必用这么笨的方法过河，这似乎反映了它的某种本能。大象即使在游泳时，也喜欢高举着鼻子。据推测，尼斯湖“水怪”就是一头在游泳的马戏团大象，它高举的鼻子被当成怪物的头和脖子。

如果我们人也给自己装一个像象鼻子那么长的通气管，是不是也能像大象那样潜那么深呢？一头非洲象的肩高可以超过4m，但它被水淹没时，它的肺底部距离水面大约是2m，在这个深度要承受大约150mm汞柱（mmHg）的水压。那里的血管的血压必须比这还高，不然就没法把血液灌注给其他组织了。但是肺通过长鼻子通到了水面，肺泡的压力接近大气压，是0mmHg。这样，在肺的底部，压力从0mmHg突然增加到大于

150mmHg。

肺的表面上包裹着两层薄膜，叫作胸膜。里面那层膜紧贴在肺上，叫脏胸膜。外面那层贴附在胸腔内面，叫壁胸膜。两层膜之间是一个密闭的腔隙，叫胸膜腔。胸膜腔里有一些浆液，起到润滑作用，减少呼吸时的摩擦。胸膜只是薄薄的一层细胞，厚度只有30 μm，里面有毛细血管，在水深2m时血压超过了150mmHg。而胸膜腔的压力接近大气压。也就是说，此时胸膜毛细血管的压力一边是0mmHg，一边是150mmHg，血管将会破裂。即使给我们人安一个长鼻子，也没法像大象那样潜水，否则会导致内出血。

那么为什么大象安然无恙呢？早在1681年，都柏林一位医

生在解剖一头被烧死的大象时，发现有一点很奇怪：看不到大象有胸膜腔。以后的研究也证实了，在大象的两层胸膜之间，充满了结缔组织，只不过这些结缔组织比较松散，所以呼吸时还是能够滑动。大象的胸膜也由厚实的结缔组织组成，厚达500 μm。胸膜里的毛细血管被厚厚的结缔组织保护起来了，这样就避免了大象潜水呼吸时发生血管破裂。同样，为了避免在潜水呼吸时导致肺部下面的横隔膜破裂，大象的横隔膜非常厚，厚达3cm，比其他哺乳动物的厚得多。

知识小链接

大象身上最显眼的是它那条巨大的鼻子，也是它最重要的器官之一。大象的鼻子有呼吸和嗅觉的功能，能闻到几百米外敌人的气味，及早做好防御；夏天，大象经常用它的长鼻子到河边吸足河水，然后将水喷在自己的身上洗澡；长鼻子不但能帮助喝水，而且能像手一样捡食物、搬运东西等；大象虽然不擅长游泳，但在过河时它会将长鼻子高高伸出水面，就像一根“通气管”，这样就不会呛水了。

第8章

生物科学，了解显微镜下的世界

我们所生活的这个世界，除了看得见的阳光明媚、乌云密布，除了闻得到听得到的鸟语花香，还有一些看不见的东西，如微生物。微生物的范围很广，包括病毒、细菌等。接下来我们就来一起学习这些微生物是怎么影响我们生活的吧！

体小面大、随处存在的微生物

这天晚上回家后，妈妈就发现儿子天天有点不对劲——萎靡不振的样子。天天晚饭也没吃几口就回房间了。

到了10点多时，天天走出房间说："妈妈，我觉得身体好烫。"

妈妈一听，儿子肯定是感冒发烧了，随即拿来体温表，显示体温是37.9℃。幸亏家里有药，吃了药，到半夜的时候，体温已经降下来了。

妈妈坐在天天床边，天天说："妈妈，我怎么说感冒就感冒了。"

"估计是学校同学传染的，现在的感冒病毒越来越厉害了。"妈妈说。

"是啊，最近我们班是有不少同学感冒了。"

"嗯，微生物的范围就是太广了，让我们防不胜防啊。"

"那什么是微生物呢？"

微生物包括细菌、病毒、真菌以及一些小型的原生生物、

显微藻类等在内的一大类生物群体，它个体微小，与人类关系密切。涵盖有益跟有害的众多种类，广泛涉及食品、医药、工农业、环保等诸多领域。

微生物对人类最重要的影响之一是导致传染病的流行。在人类疾病中有50%是由病毒引起。微生物导致人类疾病的历史，也就是人类与之不断斗争的历史。在疾病的预防和治疗方面，人类取得了长足的进展，但是新现和再现的微生物感染还是不断发生，一些病毒性疾病一直缺乏有效的治疗药物。一些疾病的致病机制并不清楚。大量的广谱抗生素的滥用造成了强大的选择压力，使许多菌株发生变异，导致耐药性的产生，人类健康受到新的威胁。一些分节段的病毒之间可以通过重组或重配发生变异，最典型的例子就是流行性感冒病毒。每次流感大流行都是流感病毒与前次导致感染的株型发生了变异，这种快速的变异给疫苗的设计和治疗造成了很大的障碍。

而耐药性结核杆菌的出现使原本已经控制住的结核感染又在世界范围内猖獗起来。

微生物千姿百态，有些是腐败性的，即引起食品气味和组织结构发生不良变化。当然有些微生物是有益的，它们可用来生产如奶酪、面包、泡菜、啤酒和葡萄酒。微生物非常小，必须通过显微镜放大约1000倍才能看到。例如，中等大小的细菌，1000个叠加在一起只有句号那么大。

微生物能够致病，能够造成食品、布匹、皮革等发霉腐烂，但微生物也有有益的一面。最早是弗莱明从青霉菌抑制其他细菌的生长中发现了青霉素，这对医药界来讲是一个划时代的发现。后来大量的抗生素从放线菌等的代谢产物中被筛选出来。抗生素的使用在第二次世界大战中挽救了无数人的生命。一些微生物被广泛应用于工业发酵，生产乙醇、食品及各种酶制剂等；一部分微生物能够降解塑料、处理废水废气等，并且可再生资源的潜力极大，称为环保微生物；还有一些能在极端环境中生存的微生物，如高温、低温、高盐、高碱以及高辐射等普通生命体不能生存的环境，依然存在着一部分微生物等。看上去，我们发现的微生物已经很多，但实际上由于培养方式等技术手段的限制，人类现今发现的微生物还只占自然界中存在的微生物的很少一部分。

微生物间的相互作用机制也相当奥秘。例如健康人肠道中即有大量细菌存在，称为正常菌群，其中包含的细菌种类高达上百种。在肠道环境中这些细菌相互依存、互惠共生。食物、有毒物质甚至药物的分解与吸收，菌群在这些过程中发挥的作用，以及细菌之间的相互作用机制还不明了。一旦菌群失调，就会引起腹泻。

随着医学研究进入分子水平，人们对基因、遗传物质等专业术语也日渐熟悉。人们认识到，是遗传信息决定了生物体具有的生命特征，包括外部形态以及从事的生命活动等，而生物体的基因组正是这些遗传信息的携带者。因此阐明生物体基因组携带的遗传信息，将大大有助于揭示生命的起源和奥秘。

知识小链接

微生物包括细菌、病毒、真菌和少数藻类等。有些微生物是肉眼可以看见的，像属于真菌的蘑菇、灵芝等。病毒是一类由核酸和蛋白质等少数成分组成的“非细胞生物”，但是它的生存必须依赖于活细胞。

病毒——人类健康的直接杀手

12月1日为世界艾滋病日，这天刚好是周末，市里宣传部门准备了一次宣传活动，为此，强强所在小学让全校师生务必参加。

对强强而言，他只听过“艾滋病”三个字，至于什么是艾滋病，艾滋病如何预防等知识一点也不知道。活动开始前，老师就告诉大家：“艾滋病是危害人类健康的最大病毒，迄今为止不可治愈……当然，并不是所有病毒对人类都是有害的……”

艾滋病是病毒的一种，而病毒的种类繁多，如葡萄球菌、链球菌、大肠杆菌、沙门氏菌、皮肤癣菌、淋球菌、肝炎病毒、脊髓灰质炎病毒、艾滋病毒、鼻病毒、梅毒螺旋休、疱疹病毒。这些病毒、病菌就是引发人类疾病影响人类健康的罪魁祸首。

病毒、病菌是人们用肉眼看不见，必须使用显微镜放大数百倍、数千倍，甚至数万倍才能看得到的有害微生物，在医学上称为致病微生物。病毒、病菌的种类很多，分布极广。在人类、动物和植物的体表与外界环境中，它们无孔不入，无处不有。

病毒同所有的生物一样，具有遗传、变异、进化的能力，是一种体积非常微小、结构极其简单的生命形式，病毒有高度的寄生性，完全依赖宿主细胞的能量和代谢系统，获取生命活动所需的物质和能量。离开宿主细胞，它只是一个大化学分子，停止活动，可制成蛋白质结晶，为一个非生命体，遇到宿主细胞它会通过吸附、进入、复制、装配、释放子代病毒而显示典型的生命体特征，所以病毒是介于生物与非生物的一种原始的生命体。

病毒、病菌的繁殖方式简单、速度极快。在营养、温度适宜的环境中，大多数细菌分裂一次只需20分钟。

1个细菌经过1小时即可变为8个；2小时后为64个；到24小

时时竟能达到4.7亿个。因此，由病毒、病菌引起的疾病与其他病症不一样，它可传播给周围的人群而成为传染性疾病。严重时，传染病在人群中流行，会造成巨大灾难。

例如，1918—1919年由流感病毒引起的全球性流感，造成两千万人死亡，比第一次世界大战中死亡的人数还多。

全世界每年有数亿人因食物污染而被感染得病；以食源性病菌为主所引发的腹泻病例每年高达15亿例；我国每年死于结核菌感染的人数高达22万；13岁以下的少儿中约67%的人感染过肠道寄生虫病；我国性病患者已达600万~800万，艾滋病系列触目惊心的数据足以说明病毒、病菌是目前危害人类健康的杀手。

知识小链接

病毒在特定条件下具有一定的生命特征，但自己却无法完成任何生命过程，它们不能代谢养料，不能产生能量，也不能作为其他生物的食物。对于病毒本身来说，它们存在的唯一目的就是感染宿主，然后利用宿主细胞的资源不断地扩增自己的数量，彻头彻尾就是一群“懒惰”的寄生物。不过，我们却绝对不能忽视它们的存在。因为对于大自然来说，这群“懒惰”的寄生物扮演着极为重要的角色，它们是生命进化的推动者，同时也是整个生态系统正常运转的支撑者。

细菌——到底是敌还是友

这天，飞飞从外面打球回来，一身汗，估计是太热了，飞飞赶紧去厨房拿水果吃。

妈妈看见后，赶紧制止——从飞飞手上拿回水果，然后说："第一，先洗手，你刚运动回来，手上都是细菌；第二，水果也要洗。洗了才能吃。"

飞飞最怕妈妈了，妈妈说要洗，那就洗。

过了会儿，飞飞终于吃上了水果。他问妈妈："什么是细菌？为什么从外面回来要洗手呢？我们每天都会碰到细菌，也没有生病呀。"

飞飞的这一问题，不少人也有。细菌是与人类共存的，那么，细菌到底是敌是友呢？

我们先来看看什么是细菌。细菌（bacteria）是生物的主要类群之一，属于细菌域。细菌是所有生物中数量最多的一类，据估计，其总数约有5×10个。细菌的个体非常小，目前已知最小的细菌只有0.2 μm，因此大多只能在显微镜下看到。细菌

一般是单细胞，细胞结构简单，缺乏细胞核、细胞骨架以及膜状胞器，如线粒体和叶绿体。基于这些特征，细菌属于原核生物。原核生物中还有另一类生物称作古细菌，是科学家依据演化关系而另辟的类别。为了区别，本类生物也被称作真细菌。

细菌的营养方式有自养及异养，其中异养的腐生细菌是生态系统中重要的分解者，使碳循环能顺利进行。部分细菌会进行固氮作用，使氮元素得以转换为生物能利用的形式。细菌也对人类活动有很大的影响。细菌是许多疾病的病原体，包括肺结核、淋病、炭疽病、梅毒、鼠疫、砂眼等疾病都是由细菌所引发。然而，人类也时常利用细菌，例如乳酪及酸奶的制作、部分抗生素的制造、废水的处理等，都与细菌有关。在生物科技领域，细菌有也着广泛的运用。

细菌是一种单细胞生物体，生物学家把这种生物归入“裂殖菌类”。细菌细胞的细胞壁非常像普通植物细胞的细胞壁，但没有叶绿素。因此，细菌往往与其他缺乏叶绿素的植物结成团块，并被看作“真菌”。细菌因为特别小而区别于其他植物细胞。实际上，细菌也包括存在着的最小的细胞。此外，细菌没有明显的核，而具有分散在整个细胞内的核物质。

因此，细菌有时与称为“蓝绿藻”的简单植物细胞结成团块，蓝绿藻也有分散的核物质，但它还有叶绿素。人们越来越

普遍地把细菌和其他大一些的单细胞生物归在一起，形成既不属于植物界也不属于动物界的一类生物，它们组成生命的第三界——“原生物界”。有些细菌是“病原的”细菌，其含义是致病的细菌。然而，大多数类型的细菌不是致病的，而的确常常是非常有用的。

例如，土壤的肥沃在很大程度上取决于住在土壤中的细菌的活性。“微生物”，恰当地说，是指任何一种形式的微观生命。“菌株”一词用得更加普遍，因为它指的是任何一点小的生命，甚至是一个稍大一点的生物的一部分。例如，包含着实际生命组成部分的一个种子的那个部分就是胚芽，因此我们说“小麦胚芽”。此外，卵细胞和精子（载着最终将发育成一个完整生物的极小生命火花）都称为“生殖细胞”。然而，在一般情况下，微生物和菌株都用来作为细菌的同义词，而且确实尤其适用于致病的细菌。

细菌对环境、人类和动物既有用处又有危害。一些细菌成为病原体，导致破伤风、伤寒、肺炎、梅毒、霍乱和肺结核。在植物中，细菌导致叶斑病、火疫病和萎蔫。感染方式包括接触、空气传播、食物、水和带菌微生物。病原体可以用抗菌素处理，抗菌素分为杀菌型和抑菌型。

细菌通常与酵母菌及其他种类的真菌一起用于发酵食物，

如在醋的传统制造过程中，就是利用空气中的醋酸菌使酒转变成醋。其他利用细菌制造的食品还有奶酪、泡菜、酱油、醋、酒、酸奶等。细菌也能够分泌多种抗生素，如链霉素即是由链霉菌所分泌的。

细菌能降解多种有机化合物的能力也常被用来清除污染，称作生物复育。举例来说，科学家利用嗜甲烷菌来分解美国佐治亚州的三氯乙烯和四氯乙烯污染。

细菌也对人类活动有很大的影响。例如奶酪及酸奶的制作、部分抗生素的制造、废水的处理等，都与细菌有关。

知识小链接

细菌广泛分布于土壤和水中，或者与其他生物共生。人身上也带有相当多的细菌。据估计，人体内及表皮上的细菌细胞总数约是人体细胞总数的10倍。此外，也有部分种类分布在极端的环境中，如温泉，甚至是放射性废弃物中，它们被归类为嗜极生物，其中最著名的种类之一是海栖热袍菌，科学家是在意大利的一座海底火山中发现这种细菌的。然而，细菌的种类是如此之多，科学家研究过并命名的种类只占其中的小分。细菌域下所有门中，只有约一半的种类能在实验室培养。

癌症疫苗——人类的希望之星

星星最近一直都闷闷不乐的，也没有跟爸爸妈妈说原因。

这天晚上，星星回家后哭了。

妈妈问他怎么了，他说："我的同桌，陈云，她的爸爸去世了。"

"哎，真是令人难过啊。"妈妈长长地叹了一口气。

"其实，几个月前，她已经开始陆陆续续不怎么上学了，我们听说她的爸爸得了急性淋巴癌，好像是很严重的病。我们一起组织去医院看过，我们看到叔叔头上的头发都掉光了，脸色也好差。陈云每天都在哭，可是我们都无能为力，我旁边的座位经常空着，我也很难过，不知道她什么时候能从失去父亲的阴影里走出来。"

"是啊，你是个好孩子，能体谅同学的心情，你们以后都要多陪陪她啊。哎，人类要是没有疾病该有多好啊。"妈妈感叹道。

"其实只要没有癌症就好了。"

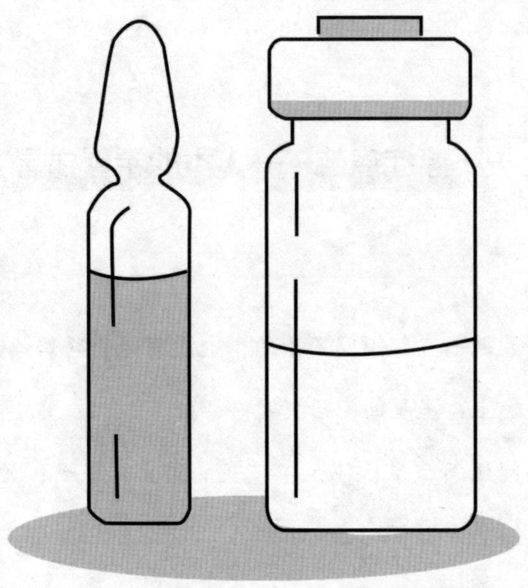

“是啊，希望未来能研发出来癌症疫苗吧。”妈妈继续说。

现代社会，癌症疫苗已经处于研发阶段。所谓癌症疫苗，是通过利用肿瘤细胞相关抗原，来唤醒人体针对癌症的免疫系统。

美国食品药品监督管理局（FDA）一个顾问委员会全票通过了允许默沙东公司（Merck）宫颈癌疫苗上市的建议，这意味着人类抗癌战争即将进入一个划时代的新阶段。除了HPV外，还有不少疫苗进入临床，有的虽然鉴于各国巨额的临床试验费用没有获得类似FDA的批准，但依靠患者的口碑相传已经存在

市场上长达数年，例如日本的莲见疫苗（Hasumi Vaccine）。

随着更多更好的抗原呈递细胞被科学家发现，而且通过细胞因子（如GM-CSF）来激活这些细胞，优化抗体表达的机理也越来越清楚。借助细胞介导，美国丹瑞（Dendreon）公司的前列腺癌疫苗provenges有望成为第一个获得FDA许可的癌症疫苗。他们在2008年10月公布的Ⅲ期临床数据中称，该疫苗可降低20%的死亡风险。

科学经过研究发现了一个新的问题——在肿瘤微环境中存在着活跃的免疫抑制。肿瘤细胞一直以来都被怀疑会通过不表达表面抗原等方式来逃避免疫检测。事实上，“逃避”并不是肿瘤细胞所拥有的全部能力，它还能刺激调节T细胞或者“雇佣”来自骨髓的抑制性细胞，诱导产生免疫抑制。于是，事情变得更加麻烦，不得不想办法去中和这种免疫抑制，让疫苗真正发挥作用。

有些肿瘤会表达病毒抗原，如宫颈癌和某些黑色素瘤，免疫疗法可以采用经典的，类似对付天花、骨髓灰质炎（小儿麻痹症）一样的预防性疫苗。在这种情况下，癌细胞会过度表达一种特定的内源性表面抗体，从而引发被动免疫，在一定程度上控制肿瘤。主动免疫，走的是另外一条道路。肿瘤组织上的抗原，可能是专一性的，也可能是非专一性的。免疫系统受到一个或者多个这样的抗原刺激，会产生响应，这就是主动免疫。通过两种方式可以实现积极免疫——多肽/蛋白质疫苗和细胞疫苗。多肽/蛋白质疫苗又分为两种：第一种利用在某种或者某类肿瘤中普遍存在的多肽/蛋白质抗体，这些蛋白质可以直接注射或者通过一些微生物媒介导入病灶引发免疫反应；第二种是从患者体内分离出抗原，然后将改装后可以促发免疫系统的抗原重新导回患者体内。

细胞疫苗分为外源性和内源性。外源性细胞疫苗，又叫“成品”疫苗，来自采集到的肿瘤样品，它们往往含有可能的肿瘤抗原；内源性细胞疫苗，来自患者自身的肿瘤组织，经过体外改装后导回患者体内。和细胞疫苗相比，多肽/蛋白质疫苗和已有的为传染性疾病设计的疫苗更加类似。这一点是一个很大的优势，这类疫苗体系已经在临床上运用数十年。癌症疫苗在所有商业研发的抗癌药物中只占很小的比例，大概只有20%。在现代的癌症疫苗开始研发的20多年间，没有一个得到FDA的认可，在全世界范围内，也只有5个疫苗得到了俄罗斯、加拿大、欧洲、韩国和巴西的批准。迄今，已有超过7000人参加癌症免疫疗法的试验，但是所有的试验药剂，即使在早期试验中表现喜人，都止步在Ⅲ期临床试验。

令人振奋的是，2017年7月7日，美国波士顿达纳-法伯癌

症研究所Catherine Wu教授团队和德国缅因兹大学Ugur Sahin团队分别宣布了两项临床I期试验结果，针对不同肿瘤突变定制的个性化疫苗，在黑色素瘤患者治疗中大获成功。

Catherine Wu教授团队的临床试验结果显示，接种疫苗的6名黑色素瘤患者中，有4名患者体内的肿瘤完全消失，并且在32个月内没有复发。另外2名患者的肿瘤仍然存在，不过在接受了辅助治疗之后，他们体内的肿瘤也完全消失。

Ugur Sahin团队的研究结果显示，在13位接种疫苗的患者中，有8名患者体内的肿瘤完全消失，并且在23月内没有复发。另外5名患者由于接种疫苗时肿瘤已经扩散，有2名患者出现肿瘤缩小，其中1名患者接受辅助治疗后体内的肿瘤完全消退。

知识小链接

中国是疫苗生产大国，但不是强国。癌症疫苗的出现为我国提供了很好的机会，因为癌症疫苗出现的年代较晚，全球约75%的癌症疫苗还都处于研发Ⅱ期之前。我国应把癌症疫苗纳入重点，全面启动癌症疫苗研制相关工作。

神奇的胃——为什么胃不能消化掉自己

娜娜终于放暑假了，这天晚上，爸爸妈妈商量了下——全家出去吃饭。娜娜提议去吃自助烧烤，妈妈知道这样吃不健康，但是偶尔一次也不为过，再说，孩子好不容易放假了，就让她“放肆”一次吧。

席间，娜娜拿了不少金针菇，她喜欢吃烤金针菇。

妈妈说：“少吃些，很难消化的。”

娜娜说：“没事，我的胃好着呢。”

妈妈说：“那也不行，就是因为平时不吃这些，偶尔吃更不容易消化。”

一旁的爸爸说：“算了，没事，我们的胃没那么脆弱，人体的胃液消化能力很强，再说，孩子就吃这一次。”

妈妈拗不过，就答应了。

过了会儿，娜娜一边吃着烤好的金针菇，一边说：“爸，你说人的胃消化能力这么好，能消化掉几乎所有食物，无论是煮的、蒸的、烤的还是炒、炸、煎的，那么，胃为什么不能消

化掉自己呢？”

爸爸愣了愣，说：“对呀，我怎么没考虑过这个问题呢？”

“人的胃能消化掉所有食物，为什么不能消化掉自己呢？”这个问题提得很有意思，下面我们做一些探讨。

胃有消化食物的作用，是指胃能分泌胃液，胃液中的盐酸能激活胃蛋白酶元，使它变为胃蛋白酶，而胃蛋白酶能消化食物中的蛋白质。牛胃被吃进人胃后，它所含有的蛋白质被人胃产生的消化液逐步消化。

18世纪中叶，法国人若穆成为世上第一个获得纯净胃液的人，他还发现胃液能把牛肉消化掉。于是，一个难解的谜题展示在世人面前：胃能消化食物，却为什么不会消化自己？

实验证明，胃液中存在酸度很高、浓度很大的盐酸，据测定，胃液中的氢离子浓度比血液高出300万~400万倍。胃液不仅能消化食物，还足以把小铁钉溶化掉。因此，法国生理学家伯尔纳惊叹道："胃表现得如此耐腐蚀，好像是瓷做的一样。"

诚然，胃是"肉"做的。它有像瓷一样耐腐蚀的品质，必然是健康人的胃所具有的。胃炎、胃溃疡患者的胃黏膜是经不起酸的腐蚀的。胃酸会把胃壁腐蚀出溃疡面，引起剧痛，甚至会发生胃穿孔，致人死亡。

那么，胃能消化各种肉类，为什么它自己却安然无恙呢?

为此，美国密西根大学医学系的德本教授做过一个有趣的实验。他把从人体中切除下来的胃放入一个大试管中，然后加入适量根据正常人体胃部的浓度配制的盐酸和胃蛋白酶，把试管放置在37℃的恒温环境中。结果，试管中的胃受到严重的破坏，而且相当一部分被溶解掉了。这个实验说明，胃无法抵御盐酸和胃蛋白酶的消化作用。德本教授的进一步研究表明，胃可以被损坏，但也很容易被修复，正是这种机制执行着保护胃表面的重要功能。他指出，胃壁细胞的细胞膜表面的脂类物质，与抵御消化有很大关系，如果用洗涤剂去掉细胞表面的脂类物质，胃壁细胞就会受到酸的侵害。另外，胃壁细胞经常更新，老细胞不断地从表面脱落，由组织内的新生细胞取而代之。

德本教授估计，人的胃每分钟有50万个细胞脱落，胃黏膜层每3天就全部更新一次。所以，即使胃的内壁受到一定程度的侵害，也可以在几小时或几天内完全修复。所以人体中的胃并不是不会消化自己本身，而是在被消化到某种程度后就会立即自我更新。

还有一些科学家经过多年研究已证实，胃局部溃疡的形成是胃壁组织被胃酸和胃蛋白酶消化的结果；这种自我消化过程是溃疡形成的直接原因；胃液的消化作用是溃疡形成的重要因素之一。

因此，他们对德本教授的观点提出疑问，如果胃处于不断地自我消化和自我修复的过程中，胃溃疡又怎么会产生呢？因此，有理由认为，人的胃也许还存在着其他防止消化自己的机制。这些机制究竟是什么？科学家预言，21世纪将是生物科学的世纪。所以，随着生物科学的不断发展，科学家会对这个问题做出明确的答复。

知识小链接

一般认为，盐酸排出量可以反映胃的分泌能力，它主要取决于壁细胞的数量及功能状态。胃内盐酸有许多作用，可杀死随食物进入胃内的细菌，因而对维持胃和小肠内的无菌状态有重要意义。盐酸进入小肠后，促进胆汁、胰液和小肠液的分泌。盐酸造成的酸性环境有利于小肠对铁和钙的吸收。

尼古丁——威胁人类健康的大敌

娜娜在妈妈的允许下，终于“胡吃海喝”了一顿，很是满足。

饭桌上，爸爸竟然拿出了烟抽起来，这一举动被娜娜和妈妈一致嫌弃。

娜娜说：“爸，我可以吃不好消化的食物，不代表你可以抽烟哟，我们俩这性质完全不同。”

爸爸倒也识趣，赶紧收起来，然后说：“我懂，我懂，而且这是公共场合，得有点公德意识，我错了，原谅原谅。”

娜娜和妈妈都被爸爸这一举动逗乐了。

接下去，妈妈说：“老程，玩笑归玩笑，你什么时候口袋里又装烟了啊，自打我们结婚，你不就戒了吗？你自己还是做医生的，这尼古丁的危害你又不是不知道……”

吸烟危害健康已是众所周知的事实。全世界每年因吸烟死亡达250万人之多，烟是人类健康的第一杀手。自觉养成不吸烟的个人卫生习惯，不仅有益于健康，而且也是一种高尚公共

卫生道德的体现。在吸烟的房间里，尤其是冬天门窗紧闭的环境里，室内不仅充满了人体呼出的二氧化碳，还有吸烟者呼出的一氧化碳，会使人头痛、倦怠，工作效率下降，更为严重的是在吸烟者吐出来的冷烟雾中，烟焦油和烟碱的含量比吸烟者吸入的热烟含量多1倍，苯并芘多2倍，一氧化碳多4倍，氨多50倍。

尼古丁是一种难闻、味苦、无色透明的油质液体，挥发性强，在空气中极易氧化成暗灰色，能迅速溶于水及酒精中，通过口鼻支气管黏膜很容易被机体吸收。粘在皮肤表面的尼古丁亦可被吸收渗入体内。1支香烟所含的尼古丁可毒死一只小白鼠，20支香烟中的尼古丁可毒死一头牛。人的致死量是50~70毫克，相当于20~25支香烟中尼古丁的含量。如果将1支雪茄烟或3支香烟的尼古丁注入人的静脉内3~5分钟即可造成人死亡。烟草不但对高等动物有害，对低等动物也有害，因此也是农业杀虫

剂的主要成分。所以说“毒蛇不咬烟鬼”，因为它们闻到吸烟所挥发出来的苦臭味，就远走高飞。同样道理被动吸烟者对烟臭味也有不适的感觉。

吸烟引起急性中毒死亡者，我国已早有发生，吸烟多了就醉倒在地，口吐黄水而死亡。国外也有报道：苏联有一名青年第一次吸烟，吸完一支大雪茄烟后死去。英国一个长期吸烟的40岁的健康男子，因从事一项十分重要的工作，一晚上吸了14支雪茄和40支香烟，早晨感到难受，经医生抢救无效而死亡。法国一个俱乐部举行吸烟比赛，优胜者在吸了60支香烟后，还未来得及领奖即死去，其他参加比赛者也都因生命垂危被送到医院抢救。

那么，为什么有些人吸烟量较大并不中毒呢？每日吸卷烟一盒（20支）以上的人很多，其中尼古丁含量大大超过人的致死量，但急性中毒死亡者却很少，原因是烟草中的部分尼古丁被烟雾中的毒物甲醛中和了，而且大多数人不是连续吸烟，这些尼古丁是间断缓慢进入人体的。此外纸烟点燃后50%的尼古丁随烟雾扩散到空气中，5%随烟头被扔掉，25%被燃烧破坏，只有20%被机体吸收。而尼古丁在体内很快被解毒随尿排出。再加上长期吸烟者，体内对尼古丁产生耐受性、瘾癖性，而使人嗜烟如命。

知识小链接

烟草已被国家确定为一级致癌物。吸烟者比不吸烟者患肺癌的概率高10~30倍，90%的总死亡率是由吸烟所导致。有资料表明，长期吸烟者的肺癌发病率比不吸烟者高10~20倍，喉癌发病率高6~10倍，冠心病发病率高2~3倍，循环系统发病率高3倍，气管炎发病率高2~8倍。有人调查了1000个家庭，发现吸烟家庭16岁以下的儿童患呼吸道疾病的比不吸烟家庭为多。5岁以下儿童，在不吸烟家庭，33.5%有呼吸道症状，而吸烟家庭却有44.5%有呼吸道症状。

第9章

趣味生物故事，看看多姿多彩的自然世界

我们人类生存的自然界是由众多生物组成的，有生物存在，就构成了活动。那么，小朋友，你是否知道餐桌上的银鱼来源于怎样的传说？你是否知道铁树为何很难开花？您是否知道孔雀开屏的目的到底是什么……揭开这些答案，你会发现，自然界如此绚丽多彩，需要我们好好了解。

恐龙到底为何消失不见了

菲菲与妈妈在“先有鸡还是先有蛋”的问题上进行了一番了解，但最终也没有获得确定的结果，因为这本身就是学术界和科学家尚未给出定论的问题。

后来，菲菲在找资料的过程中发现，其实这一问题可以归结到恐龙的问题——先有恐龙，还是先有蛋？

对于这一问题，其实争论起来又回到原点了。接下来，菲菲又产生了个疑问——为何现代社会没有了恐龙呢？它们是怎么消失不见的呢？

恐龙灭绝，是指距今约6500万年前的白垩纪所发生的中生代末白垩纪生物大灭绝事件。

恐龙是生活在距今2.4亿年至6500万年前、其数量上的一部分能以后肢支撑身体直立行走的一类动物，其支配全球陆地生态系统超过1.6亿年之久。

大部分恐龙已经灭绝，但恐龙的后代——鸟类却依靠强大的适应能力存活下来，并繁衍至今。恐龙最早出现在约2.4亿年

前的三叠纪。

实际上，人类发现恐龙化石的历史由来已久。早在发现禽龙之前，欧洲人就已经知道地下埋藏有许多奇形怪状的巨大骨骼化石。直到发现了禽龙并与蜥蜴进行了对比，科学界才初步确定这是一群类似于蜥蜴的早已灭绝的爬行动物。

1842年，英国古生物学家理查德-欧文爵士（1804—1892）用拉丁文给它们创造了一个名称，这个拉丁文由两个词根组成，前面的词根意思就是“恐怖的”，后面的词根意思是“蜥蜴”。从此，“恐怖的蜥蜴”就成了这类爬行动物的统称。当然，这局限于拉丁文的造词能力。

“恐龙”一词由日本生物学家创造并引进中国。恐龙不是蜥蜴，为地球首批可以单独直立行走的高级生物体。

在两亿多年前的中生代，许多爬行动物在陆地上生活，因此中生代又被称为“爬行动物时代”。它们不断地分化成各种不同种类的爬行动物，有的变成今天的龟类，有的变成今天的鳄类，有的变成今天的蛇类和蜥蜴类，其中还有一类演变成今天遍及世界的哺乳动物。

恐龙是所有陆生爬行动物中体格最大的一类，很适宜生活在沼泽地带和浅水湖里，那时的空气温暖而潮湿，食物也很容易找到。所以恐龙在地球上统治了1亿多年的时间，但不知什么原因，它们在6500万年前很短的一段时间内突然灭绝了，今天人们看到的只是那时留下的大批恐龙化石。因为恐龙的灭绝只有在各种内外界因素共同作用下才会发生，所以这种理论认为恐龙灭绝是一个复杂的过程，单一的原因很难导致恐龙灭绝，恐龙灭绝是多方面原因造成的。

关于恐龙灭绝之谜的研究有很多，猜测也有很多，但是无论当时发生了什么，至少有一点是不可否认的，那就是恐龙对所发生的事件无法适应或改变。如果它们能够适应或改变环境，那么，它们还会那么神秘地灭绝吗？

恐龙是古爬行动动物，种类繁多，体型各异，小的体长不到1m，大的体长数十米，重达四五十吨。有食肉的，也有食植物的。它们在地球上的陆地或沼泽附近生活，在地球上曾称霸一时。

不论科学家们猜测的事情是否真的发生过，恐龙的灭绝都是一个奇特的事件。我们获得了一些珍贵的恐龙化石，使科学家们的研究工作能够进行。我们希望在不久的将来，这个谜会解开。同时我们应该知道，任何一种生物都要经历产生、发展、繁荣、灭亡的过程，就像每个人都要经历生老病死一样。这是大自然的规律，并不会因为哪一物种庞大强盛而改变。恐龙灭绝了，随后出现了一个崭新的时代，更多的更高级的生物把地球装点得更加美好。

知识小链接

恐龙绝绝的原因一直是科学界的一个争议，由数十名专家组成的一支国际科研小组，公布他们就这件事情的研究结果是，在6500万年前一颗小行星在墨西哥海岸撞击地球，令地球出现了因撞击引起的地震和火焰风暴，关键是把几百亿吨的物质抛入大气层，遮挡住太阳的光线，令许多生物失去生存空间，当中包括恐龙。

研究同时指出，撞击同时创造了，包括人类在内的许多新物种进化的环境和条件。一灭一生，真是一个循环，从地球的情况来看，又是步向另一次重生的阶段。

恶之花——罂粟虽美，危害多多

这天，瑶瑶在卧室听到了爸爸妈妈在客厅的一段对话。

妈妈急匆匆地回家来，对爸爸说：“老张，我娘家村儿里的几个老人被拘留了。”

“什么情况？他们犯什么事儿了？”

“还是因为缺乏知识啊，他们不知道从那里弄来的罂粟种子，听说这种花很好看，就在自家地里种了些，后来有人举报了，公安就来抓人了，你说造孽不造孽？”妈妈越说越急。

“是啊，那现在怎么办？”

“能怎么办呢？法律就是法律，违法就是违法，我回头再去打听打听吧。”

瑶瑶从卧室走出来，问：“罂粟是什么？为什么不能种罂粟呢？”

爸爸转过身来告诉瑶瑶：“瑶瑶，罂粟是恶之花，是提炼毒品的植物，毒品，你知道吧……”

罂粟又叫罂子粟，米囊子，御米壳，大烟花。它为一年生

草本，有乳汁，株高60~120cm；茎直立有分枝，被白粉，无毛或微具毛；叶长椭圆形至矩圆形，边缘有缺剖或深裂，下部叶有柄，上部叶无柄但基部抱着茎；花单生于茎的顶部，蕾期时下垂，花直径7~10cm，花瓣圆形、4枚，鲜艳，颜色有白、粉红至紫色，雄蕊多数，花期5月；花后直立蒴果球形或椭圆形，种皮表面有网纹，种子多数，果期7—8月。全草均有毒。与罂粟形态上较相近的植物虞美人（P.rhoeas）是著名的花卉，虞美人的茎上无白粉，叶基不抱茎，也不可用于鸦片的制作。

罂粟植株乳汁干燥后即为鸦片，又称阿片，俗称“烟土”，有异味。鸦片中生物碱含量约为20%，主要成分有吗啡、可待因、那可汀、蒂巴因等20多种，这类生物碱具有镇痛、镇咳和止泻功用。鸦片的提纯物即为海洛因，呈白色结晶状粉末，其麻醉和镇痛作用较鸦片强，但它的不良副作用远远超过其医疗价值，英美等国家早已禁止制造和进口，并作为重要毒品加以缉查和禁绝。

吗啡是一种异喹啉生物碱，分子式是$C_{17}H_{19}NO_3$，吗啡存在

于鸦片中，含量约为10%。吗啡为无色棱柱状晶体，熔点254~256℃，味苦，在多数溶剂中均难溶解，在碱性水溶液中较易溶解。它可与多种酸（如盐酸、硫酸等）和多种有机酸（如酒石酸等）生成易溶于水的盐。吗啡盐的pH平均值为4.68，吗啡对人的致死量为0.2~0.3g。海洛因是吗啡的二乙酰衍生物。海洛因的毒性和成瘾性更大。

知识小链接

罂粟是一种美丽的植物，叶片碧绿，花朵五彩缤纷，茎株亭亭玉立，蒴果高高在上，但从蒴果上提取的汁液可加工成鸦片、吗啡、海洛因。因此，鸦片罂粟成为世界上毒品的重要根源，而罂粟这一美丽的植物可称为恶之花了。罂粟是提取毒品海洛因的主要毒品源植物，长期应用容易成瘾，慢性中毒，严重危害身体，成为民间常说的“鸦片鬼”。严重的还会因呼吸困难而送命。它和大麻、古柯并称为三大毒品植物。所以，我国对罂粟种植严加控制，除药用科研外，一律禁植。

铁树开花——环境变化的结果

周末，妈妈带着丹丹回姥姥家吃饭，离午饭时间还早，妈妈准备帮外公打理一下花园，丹丹在院子里看平板。

丹丹看得入神时，妈妈惊叫："爸，爸，你快来看！"

外公和丹丹赶过去，妈妈说："爸，你看，开花了。"

"天哪，真是美，不枉我15年的悉心栽培啊。"外公比妈妈更激动。

随后，妈妈拍了很多照片。丹丹很不解，就问："妈妈，为什么这树开花，你和外公都那么开心呢？"

外公走过来回答："因为这是铁树呀，铁树开花很难得的，几十年一见呢。"

"哦，是这样啊，那铁树为什么平时不开花呢？"丹丹继续问。

外公笑着答："哈哈，你这孩子好奇心真强，这要从铁树的习性说起了……"

铁树又叫苏铁，分为雌性和雄性。雄铁树的花是圆柱形的，雌铁树的花是半球状的，很容易辨认。

铁树生长缓慢，一般15～20年树龄的老树可开花，因不易看到开花，故有“千年铁树开花”的说法，言其开花较少。但其实，只要温度等条件适宜，铁树年年都可以开花。

在南方生长环境良好时，每年可见铁树开花，如果把它移植到北方种植，由于低温干燥的生长环境，生长会非常缓慢，开花也就变得比较稀少了。

铁树花雌雄异株，在南方时，铁树花期可长达1个月之久，一般在6—8月开的是雄花，10—11月开的雌花，雄花花序为柱状花序，雌花为球形花序，因而比较容易辨认。

在我国的四川省攀枝花市，有一大片天然的铁树林，至少在10万株。那里的铁树一旦长成，雄铁树每年都开花，雌铁树一两年也要开一次。当地举办了一年一度的“苏铁观赏节”，到这里旅游的中外人士对此赞不绝口。

相传铁树的生长发育需要土壤中有铁成分供应，如果它生长情况不好，在土壤中加入一些铁粉，就能使它恢复健康。有些人干脆把铁钉直接钉入铁树的体内，也能起到很好的效果。或许，这便是铁树名称的由来吧！

近年来，不断有铁树开花的消息见诸报端。这是为何？太原市园林局植物研究中心的一位专家称，铁树学名苏铁，是

地球上现存的最原始的种子植物之一。铁树开花有很强的地域性，生长在热带的铁树，10年后就能年年开花结果。北方近年来铁树频频开花，是因为铁树大多被当作盆景培养，人们在培养铁树的各个环节中都非常讲究，从幼苗培育到栽培技术再到日常照顾都非常细心、认真，具体到选择高科技肥料，使用适宜的水量等，生长在温室中的铁树自然容易开花结果。而且，铁树是裸子植物，到达一定的树龄，自然会开花，不开反而不正常。雄花很大，像一个巨大的玉米芯，刚开放时呈鲜黄色，成熟后渐渐变成褐色；而雌花却像一个大绒球最初是灰绿色，以后也会变成褐色。

知识小链接

铁树，作为世界上古老的物种之一，一度处于濒临灭绝的状态，不过幸好现在开始有人工在种植。铁树生长缓慢，寿命可达上百年，每年都有新叶生长。铁树开花无规律可循，并且不易看到开花，故有“千年铁树开花”的说法。由于开花较少，也只有在栽培较好的情况下，铁树数年也才开花一次，也就有了民间“千年铁树开了花，万年果树要发芽”的说法。铁树开花是一种很罕见的事，为此，铁树开花寓意着吉祥和瑞兆，铁树的独特仪态和向上勃发的奇特性，给人蓬勃生机、积极奋进的美好感觉。

枯叶蝶神奇的变色隐身术

这个星期天天气不错，爸爸提议说全家一起去徒步旅行吧，小翠和妈妈都答应了。

准备好随身携带的物品后，全家就出发了。

中途，小翠累了，爸爸找了个平坦的地方，让大家休息下。

小翠实在太累了，差点睡着了，谁知道，妈妈突然说："翠，你看那边，看到什么没？"

小翠懒洋洋地说："没什么啊，就是一些枯黄的树叶，秋天嘛，这种树叶很多。"

妈妈继续追问："你再认真看看。"

"真的没有啊。"

"真的吗？"

被妈妈这么一问，小翠揉了揉眼睛，天哪，竟然是蝴蝶。

"妈妈，是蝴蝶，对吗？"

"是啊，这是枯叶蝶，和枯叶的颜色一样，这是它们伪装

自己、保护自己的方式。”

枯叶蝶学名枯叶蛱蝶，属鳞翅目蛱蝶科，是世界著名拟态的种类，自然伪装的典型例子。枯叶蝶前翅顶角和后翅臀角向前后延伸，呈叶柄和叶尖形状，翅褐色或紫褐色，有藏青光泽，翅中部有一暗黄色宽斜带，两侧分布有白点，两翅亚缘各有一条深色波线。翅反面呈枯叶色，静息时从前翅顶角到后翅臀角处有一条深褐色的横线，加上几条斜线，酷似叶脉。翅里间杂有深浅不一的灰褐色斑，很像叶片上的病斑。当两翅并拢停息在树木枝条上时，很难与将要凋谢的阔叶树的枯叶相区别。

枯叶蝶是著名的拟态昆虫，它合上翅膀的时候，特别像枯叶，面对天敌时很好地保护了自己，以免被吃掉。

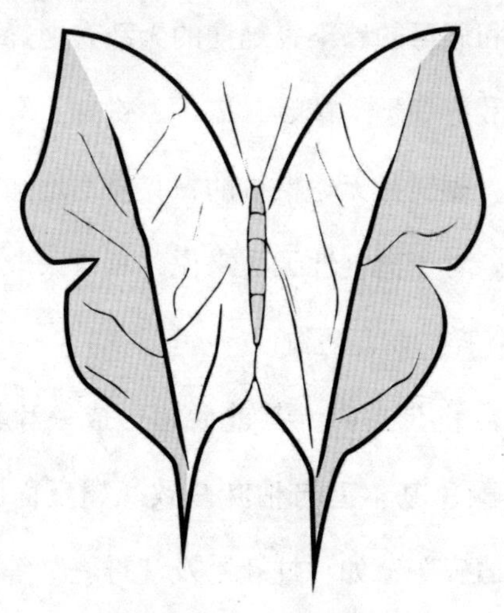

枯叶蝶为我国稀有品种，是蝶类中的拟态典型。数量极少，分布于海拔900m以上。幼虫以马蓝和蓼科植物为食。枯叶蝶喜生活于山崖峭壁，以及葱郁的杂木林间，栖息于溪流两侧的阔叶片上，当太阳逐渐升起，叶面露珠消失后，就迁飞至低矮树干的伤口处，觅食渗出的汁液，一旦受惊，立即以敏捷的动作，迅速飞离，逃到高大树木梢或隐居于林木深处的藤蔓枝干上，借助模仿枯叶的本能隐匿起来，难以发现。午间过后，炎热稍退，是雄蝶追逐雌蝶寻求交配的最佳时期。

蝴蝶从卵到成虫经过四个阶段，无一不受到天敌的攻击。卵期常受到小蜂总科的昆虫寄生；幼虫期是最易受到捕食的时期，鸟类、步甲、土蜂、胡蜂、猎蝽等是蝴蝶幼虫的主要捕食性天敌，寄蝇、茧蜂、姬蜂也常寄生在它们体内，它们还常受到细菌、真菌和病毒的感染；蛹期的天敌有姬蜂、小蜂、马蜂等；成虫的天敌有鸟类、蜻蜓、盗蝇、蜘蛛、马蜂等。对于寄生性天敌来说，蝴蝶是无力抵抗的，只能靠增加繁殖数量来补偿损失的种群。对于捕食性天敌来说，蝴蝶采取积极的防御措施，有着各种各样的防范机制。

当枯叶蝶停止飞翔时，其前后翅形成一片具柄的椭圆形的大叶片。其颜色基本上与枯叶一致。翅反面的花纹具“中脉”，甚至“瑕疵”，如“蛀孔”及“霉斑”等。这些蝴蝶是

如此精确地模仿枯叶的自然形态，致使自然学家一直对它们惊叹不已。

知识小链接

枯叶蝶飞舞时，露出翅膀的背面，如同其他的蝴蝶一样华丽，大部为绒缎般的黑蓝色，闪亮出光泽，点缀有几点白色小斑；横在前翅的中部，有一金黄色的曲边宽斜带纹线，如佩上一条绶带；前后翅的外缘，均镶有深褐色的波状花边。停息在树枝或草叶上时，两翅收合竖立，隐藏着身躯，展示出翅膀的腹面，全身呈古铜色，色泽和形态均酷似一片枯叶：一条纵贯前后翅中央的黑褐色纹线，极像树叶的中脉；其他的翅脉又似树叶的侧脉；翅上几个小黑点，好似枯叶上的霉斑；后翅的末端，还拖着一条叶柄般的“尾巴”。这种“拟态”，使天敌一时真伪难辨，分不清究竟是蝴蝶还是枯叶，从而保护自己，故此在昆虫学上大家叫它“枯叶蝶”。

孔雀开屏为哪般

又到周末了，阳光灿烂。

早上一起来，小正就犯愁，因为学校老师让写一篇作文，主题是某种动物，他不知道从何写起。爸爸建议去动物园看看，观察下动物。

于是，全家一起出动。

一进动物园，小正就被显眼的一只大孔雀吸引了。观赏者也不少，小正兴致勃勃地跑过去。

小正刚站稳，就看到孔雀开屏了，在场的人都惊呼。

小正也说："好美啊。"

爸爸妈妈在旁边也看到了。

小正又说："孔雀真是爱炫耀的动物，看到这么多人来观赏它，就开屏了。"

爸爸立即纠正："孩子，孔雀开屏，并不一定是为了炫耀哟，或许是它看到这么多人，觉得有危险，这是它自我保护的一种重要方式。"

孔雀属鸡形目，雉科，又名越鸟、南客。孔雀被视为“百鸟之王”，是最美丽的观赏鸟，是吉祥、善良、美丽、华贵的象征，雄孔雀能够自然开屏。

那么，孔雀开屏的原因到底有哪些呢?

1.求偶

春天是孔雀产卵繁殖后代的季节。于是，雄孔雀就展开它那五彩缤纷、色泽艳丽的尾屏，还不停地做出各种各样优美的舞蹈动作，向雌孔雀炫耀自己的美丽，以此吸引雌孔雀。待到它求偶成功之后，便与雌孔雀一起产卵育雏。

2.保护自己

在孔雀的大尾屏上，我们可以看到五色金翠线纹，其中散布着许多近似圆形的“眼状斑”，这种斑纹从内至外由紫、蓝、褐、黄、红等颜色组成的。一旦遇到敌人而又来不及逃避时，孔雀便突然开屏，然后抖动它“沙沙”作响，很多的眼状斑随之乱动起来，敌人畏惧于这种“多眼怪兽”，也就不贸然前进了。

3.受惊

在动物园，我们经常看见孔雀开屏，动物学工作者认为，大红大绿的服色，游客的大声谈笑，可以刺激孔雀，引起它们的警惕戒备。这时孔雀开屏，也是一种示威、防御的动作。凡是注意观察自然界各种现象的人，都会注意到，当猎食动物如鹰、黄鼠狼等向带着鸡雏的母鸡进攻时，母鸡也会竖起它的羽毛和敌害做斗争。这种动作只是它们的一种防御反应。孔雀受惊时的开屏动作也是如此。

知识小链接

蓝孔雀，体长90~230cm，翼展130~160cm，体重4~6kg。雄性蓝孔雀羽片上缀有眼状斑，这种眼状斑是由紫、蓝、黄、红等构成，开屏时光彩夺目，尾羽上反光的蓝色的“眼睛”还可以用来吓天敌。

蓝孔雀主要生活在丘陵的森林中，干燥的半沙漠化草地、灌木和落叶林地区，尤其在水域附近。蓝孔雀分布于孟加拉国、不丹、印度、尼泊尔、巴基斯坦和斯里兰卡，是印度的国鸟。

太湖银鱼——一个动人的传说

住在妞妞隔壁家的吴奶奶是江苏人，年轻时跟随丈夫来了北方，但吴奶奶每年都会回去。妞妞家与吴奶奶家一直都有走动，每逢吴奶奶回老家时，都会将她的爱犬寄养在妞妞家几天。

这天放学后，妞妞一回家，就问妈妈："妈妈，吴奶奶的小狗呢，怎么没见？"

"吴奶奶抱回家了。"妈妈在厨房答。

"哦，吴奶奶回来了啊？"

"是啊，今天下午到的，对了，晚上有银鱼汤。"

"什么是银鱼啊？"妞妞放下书包走进厨房。

"哇，这么细小的东西，居然是鱼！不可思议。"

"你可别看它小，营养价值可不是普通的鱼能比的。"妈妈说。

"嗯，倒是没有一般鱼的腥味。"

"所以好吃啊，对了，你还不知道吧，关于这个太湖银鱼，还有个神话传说呢，想不想听？”妈妈卖了个关子。

“想啊，快说快说……”

银鱼盛产于太湖流域，是名贵的鱼种。这种鱼，头小嘴尖，两三寸长，前端滚圆，后端稍扁，晶莹透明，呈银白色。

银鱼是怎么来的呢？民间有个神话传说。

话说在远古时代，无锡的西太湖边有个杨湾，素有九里十八湾之称。它南连36000顷太湖，北接千亩桑田。这桑园主因头长得像猴头，且脸上长着4颗豌豆大的麻子，故人们送给他一个“四麻子”的绰号。由于四麻子为人奸刁，仗势欺人，无恶不作，臭名昭著，没有姑娘肯嫁给他，所以他到30多岁时还是光棍一个。

在他家众多的桑农中要数李甲、金妹夫妇俩最忠厚老实，他们只有一个叫桑珠的独养女儿。桑珠长到十五六岁时就已亭亭玉立、容貌超群，采桑养蚕更是巧手一双，乡邻昵称她为“桑姑娘”。

有天四麻子到桑田里游荡，突然他的贼眼看见了采桑叶的桑姑娘，不由垂涎三尺，决定想办法娶她做老婆。他马上回了家，当夜就叫媒婆带着彩礼到桑珠家说媒，但遭到一口回绝。

媒婆告之，四麻子恼羞成怒。第二天一早就传话过去，不

许李甲一家采桑！蚕儿没桑叶吃会饿死的，父女俩只得驾起乌篷船向湖对岸湖州的阿姨家求援。四麻子获悉后立即带领五六个家丁拿了竹箩直奔李甲家，将十几匾蚕都倒进竹箩，扛到湖边，倾倒在太湖里。

再说李甲父女到第二天早晨才借了桑叶归来。乌篷船刚靠上岸，就听见乡亲们对着湖水中的蚕儿唉声叹气。问明来龙去脉后李甲父女不由怒火中烧又气又急，桑珠奔到湖边从水中捧起蚕儿，嘴唇一咬，眼圈一红，心头一酸，扑簌簌的眼泪像珍珠般掉进湖里溶进水中，说来也奇怪，只见一条条蚕儿扭着扭着，竟渐渐变成一尾尾银色的白鱼在游动。桑珠不由转悲为喜，乡亲们也高兴得手舞足蹈。

正在此时湖上驶来一只彩船，四麻子带着狗腿子准备强抢桑姑娘与之成亲，桑珠见状气得牙齿咯咯响，用手把大黑辫往脑后一甩准备投湖自尽。在这千钧一发之机，一条黑龙从天而降，龙尾一扫就把彩船扫翻。说时迟，那时快，只见成千上万条小白鱼齐心协力游动起来，顿时白浪滚滚。一会儿工夫就将彩船、四麻子以及狗腿子们翻卷到湖底去了。从此以后，太湖里就有了许许多多雪白晶莹的银鱼。

知识小链接

太湖银鱼是淡水鱼，长7~10cm，体长略圆，细嫩透明，色泽如银，因而得名。产于长江口的体形略大，俗称“面丈鱼”“面条鱼”。

太湖银鱼，历史悠久，据《太湖备考》记载，吴越春秋时期，太湖盛世产银鱼。宋人有“春后银鱼霜下鲈”的名句，将银鱼与鲈鱼并列为鱼中珍品。清康熙年间，银鱼被列为贡品，与白虾、白水鱼并称“太湖三宝”。太湖银鱼形如玉簪，细嫩透明，色泽如银，故名银鱼。清康熙年间就列为“贡品”。

参考文献

[1]曲相奎.我的第一本趣味生物书[M].北京：中国纺织出版社，2017.

[2]沈昉.趣味生物体验书[M].北京：中国纺织出版社，2017.

[3]善友教育出版社编辑部.我是生物网[M].洪梅，译.北京：北京联合出版社，2014.

[4]吴永谦.发现已知的科普世界：发现已知的植物趣事[M].长春：吉林大学出版社，2011.